Einführung in die Elemente der höheren Mathematik und Mechanik

Für den Schulgebrauch und zum Selbstunterricht

bearbeitet von

Dr. Hans Lorenz

Professor der Mechanik an der Technischen Hochschule zu Danzig

Mit 126 in den Text gedruckten Abbildungen

Berlin und München

Druck und Verlag von R. Oldenbourg

1910

Vorwort.

Zur Abfassung des vorliegenden Leitfadens wurde ich durch die Mitwirkung an einem Ferienkurs für Oberlehrer und einen mehrjährigen Verkehr mit solchen im Anschluß an das physikalische Kolloquium der Danziger Technischen Hochschule angeregt. Das kleine Buch enthält in durchaus elementarer, dem Verständnis des Primaners angepaßter Behandlung zunächst diejenigen Hauptlehren der analytischen Geometrie und Infinitesimalrechnung, welche nach meiner Erfahrung für den Beginn naturwissenschaftlicher sowie technischer Studien unentbehrlich sind und in den Lehrplan wenigstens der höheren Realanstalten Deutschlands (Realgymnasien, Oberrealschulen und technische Mittelschulen) Aufnahme finden sollten. Dieses Ziel bedingte eine scharfe Beschränkung und Konzentration des Stoffes; so wurde nicht nur die fast lediglich vom mathematischen Gesichtspunkte interessante Polarentheorie der Kegelschnitte weglassen, sondern auch auf Konvergenz- und Restgliedbetrachtungen verzichtet. Derartige Gegenstände müssen ebenso wie das infinitesimale Verhalten von Funktionen mehrerer Veränderlichen mit der Differentialgeometrie von Flächen und Raumkurven und der Lehre von den Differentialgleichungen dem Hochschulunterrichte überlassen bleiben, dem unser Schriftchen nicht vorgreifen will.

Demgegenüber wurden an verschiedenen Stellen leicht verwendbare Näherungsverfahren abgeleitet und zahlreiche Übungsbeispiele auch geometrischer Natur eingeschaltet, während die Anwendungen auf die Mechanik mit Rücksicht auf die Vorbildung der Leser in einem besonderen Kapitel zusammengefaßt wurden. Dessen Studium dürfte im Anschluß an den Schul-

unterricht zweckmäßig mit dem der Differential- und Integralrechnung parallel laufen. Daß ich mich hierbei in der Haupt-
sache auf ebene Bewegungsvorgänge beschränkt und einige
für die Allgemeinbildung wichtige astronomische Probleme aufgenommen habe, dürfte wohl kaum Bedenken unterliegen.

Das Büchlein kann natürlich nirgends den Anspruch er-
heben, Neues zu bringen. Gewisse Abweichungen von der
üblichen Darstellungsweise, die der Kenner leicht bemerkt, sind
in der Unterrichtserfahrung des Verfassers begründet und tragen
hoffentlich zur Erleichterung bei. Für eingehendere Studien,
insbesondere eine strengere Begründung der vorgetragenen Lehren
sei auf den bewährten Leitfaden von R. Fricke »Hauptsätze
der Differential- und Integralrechnung« (4. Aufl. 1905), zur
weiteren Übung auf die bekannten Aufgabensammlungen von
Dölp, Schlömilch u. a. verwiesen; zukünftige Ingenieure
werden nach der Durcharbeitung unseres Buches Perrys »Höhere
Analysis für Ingenieure«, deutsch von Süchting (2. Aufl. 1910),
mit Nutzen zur Hand nehmen. Außerdem sei noch bemerkt,
daß die im vorliegenden Leitfaden gebotene mathematische
Grundlage zum Eindringen in des Verfassers mehrbändiges
»Lehrbuch der technischen Physik«[1]) größtenteils ausreicht, da
in diesem fast alle weitergehenden Sätze im Zusammenhang
mit konkreten Problemen abgeleitet werden.

Zum Schlusse danke ich noch meinen Herren Assistenten,
Privatdozent Dr.-Ing. A. Pröll und Dr.-Ing. R. Plank für ihre
Hilfe beim Lesen der Korrektur sowie für die Anfertigung der
Figuren. Ich würde mich freuen, wenn das Buch in Oberlehrer-
kreisen, welche mit mir die Aufnahme der Infinitesimalrechnung
in den Lehrplan der höheren Schulen zur Vertiefung der Natur-
erkenntnis für notwendig erachten, Anklang finden sollte. Ver-
besserungsvorschläge von dieser Seite würde ich mit Dank ent-
gegennehmen.

Danzig-Langfuhr, im September 1910.

H. Lorenz.

---

[1]) Bd. I, Techn. Mechanik starrer Systeme, 1902; Bd. II, Techn. Wärmelehre,
1904; Bd. III, Techn. Hydromechanik, 1910; Bd. IV, Techn. Mechanik elastisch-fester
Körper in Vorbereitung.

Inhaltsverzeichnis.

Kapitel I.
Analytische Geometrie.

___

§ 1. Zusammenhang zwischen Gleichungen und Kurven.

Die Algebra lehrt, daß zur Bestimmung zweier Unbekannten x und y stets zwei Gleichungen nötig sind. Liegt nur eine solche Gleichung zwischen x und y vor, so kann man über eine der beiden Unbekannten, z. B. x frei verfügen, d. h. ihr eine Folge beliebiger Werte erteilen, der dann nach Einsetzen in die vorgelegte Gleichung eine Reihe von Werten der anderen Unbekannten y entspricht. Die durch diese Gleichung verknüpften Unbekannten stellen demnach miteinander veränderliche Größen dar, von denen wir die eine, deren Wertfolge willkürlich angenommen wurde, als unabhängige, die andere hierdurch bestimmte dagegen als abhängige Veränderliche bezeichnen wollen. Die Abhängigkeit der Veränderlichen y von x selbst drücken wir dagegen durch den Begriff der Funktion von x aus und schreiben die nach y aufgelöste Gleichung allgemein in der Form

$$y = f(x) \qquad \qquad \text{(1)}$$

(gesprochen y gleich f von x), worin $f(x)$ irgend einen Ausdruck, in dem außer Konstanten nur die Veränderliche x vorkommt, bedeuten kann.

Zur geometrischen Veranschaulichung der Beziehung zwischen den beiden Veränderlichen tragen wir nunmehr in Fig. 1 eine Anzahl reeller Werte von x in irgendeinem Maßstabe auf einer

Geraden, der sog. Abszissenachse OX, von einem festen
Anfangspunkte O aus derart ab, daß

$$OA_1 = x_1,\ OA_2 = x_2,\ OA_3 = x_3 \text{ usw.}$$

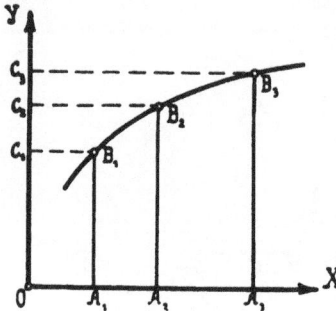

Errichten wir dann in den
Enden dieser Strecken Lote, deren
Länge durch die zugehörigen Werte
von y gegeben ist, also

$$A_1 B_1 = y_1 = f(x_1),$$
$$A_2 B_2 = y_2 = f(x_2) \text{ usw.,}$$

so werden die Punkte B einander
um so näher liegen, je geringer
die Unterschiede der aufeinander
folgenden Werte der x ausfallen.
Bei unmerklich werdenden Unter-
schieden der x werden schließlich

Fig. 1.

die Punkte B eine stetige Kurve bilden, welche wir als eine
geometrische Darstellung der Gleichung (1) bzw. der
Funktion $f(x)$ ansprechen dürfen, während die Formel (1) als
die Gleichung der Kurve Fig. 1 bezeichnet wird.

Es steht natürlich gar nichts im Wege, die vorgelegte
Gleichung zwischen x und y nach der anderen Veränderlichen x
aufzulösen, wodurch man an Stelle von (1)

$$x = F(y) \qquad \ldots \ldots \ldots \text{(2)}$$

erhalten würde. In dieser sog. umgekehrten oder inversen
Funktion von $f(x)$ erscheint jetzt y als unabhängige und x
als abhängige Veränderliche derart, daß in Fig. 1 den Strecken

$$OC_1 = y_1,\ OC_2 = y_2,\ OC_3 = y_3 \text{ usw.}$$

auf der zur Abszissenachse OX normalen Ordinatenachse OY
die Lote

$$C_1 B_1 = x_1 = F(y_1),\ C_2 B_2 = x_2 = F(y_2) \text{ usw.}$$

zugehören, ohne daß die Kurve $B_1 B_2 B_3 \ldots$ ihre Form ändert.
Daraus geht hervor, daß auch die Formel (2) ohne weiteres
als Gleichung der Kurve $B_1 B_2 B_3 \ldots$ angesehen und benutzt
werden darf.

Durch das vorstehende Verfahren haben wir die Lage der
einzelnen Punkte einer ebenen Kurve durch ihre Abstände von
zwei zueinander senkrechten Achsen definiert, also auf ein recht-

winkliges Achsenkreuz bezogen. Die Abstände selbst
nennen wir die Koordinaten des Punktes, und zwar die auf
der X-Achse gemessenen die Abszissen, die auf der Y-Achse
die Ordinaten, während der Schnittpunkt O der Achsen als
Anfang des Koordinatensystems oder kurz als Koordinatenanfang bezeichnet wird.

Wenn wir den Koordinaten eines der Punkte B in Fig. 1
das positive Vorzeichen zuschreiben, so entsprechen dem Anfang O die Werte $x = 0$, $y = 0$. Die rückwärtige Verlängerung
der Achsen über O hinaus führt dann folgerichtig auf negative
Werte der Koordinaten, so daß das vollständige Achsenkreuz
die Ebene in vier Quadranten (Fig. 2) derart teilt, daß beim
Überschreiten einer Achse jedesmal eine der beiden Koordinaten
ihr Vorzeichen wechselt. Weiterhin erkennt man, daß für alle
Punkte der Abszissenachse OX, $y = 0$ und für alle Punkte der

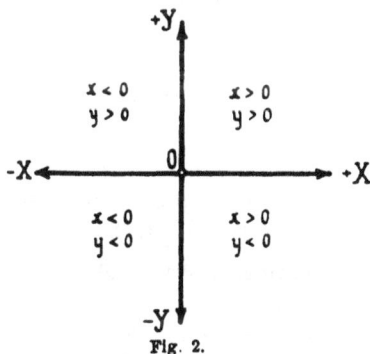

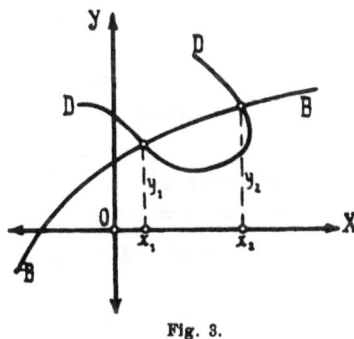

Fig. 2.   Fig. 3.

Ordinatenachse OY, $x = 0$ ist, so daß in unserem Koordinatensystem $y = 0$ die Gleichung der Abszissenachse OX und
$x = 0$ die Gleichung der Ordinatenachse OY darstellt.

Sind nun zwei Gleichungen zwischen den beiden Unbekannten x und y, nämlich

$$y = f_1(x), \quad y = f_2(x) \quad . \quad . \quad . \quad . \quad . \quad (3)$$

vorgelegt, so entsprechen diesen nach dem Vorstehenden auch
zwei ebene Kurven, BB und DD (Fig. 3), die sich in einem
oder mehreren Punkten schneiden werden. Da diese Schnittpunkte beiden Kurven zugleich angehören, also auch beide
Gleichungen (3) erfüllen, so stellen ihre Koordinatenpaare $x_1 y_1$

1*

und $x_2\,y_2$ offenbar Wurzeln dieser Gleichungen dar. Die Anzahl solcher Wurzelpaare hängt im Falle algebraischer Gleichungen nur von dem Grade der durch Elimination einer Veränderlichen, z. B. von y aus (3), hervorgehenden Gleichung für die andere Veränderliche x

$$f_1(x) = f_2(x) \quad \ldots \ldots \quad (3\,\text{a})$$

ab. Ist diese Gleichung von höherem als zweitem Grade, so bietet ihre algebraische Auflösung schon erhebliche Schwierigkeiten und wird im allgemeinen für höhere als vierte Grade sogar unmöglich. Demgegenüber lassen sich fast immer die beiden Kurven (3) leicht in ein Koordinatensystem eintragen, womit ihre Schnittpunkte ohne weiteres, und damit auch wenigstens die reellen Wurzelpaare mit einer nur durch die Strichdicke beschränkten Genauigkeit gegeben sind.

Dasselbe Verfahren läßt sich auch zur graphischen Lösung einer beliebigen Gleichung

$$f(x) = 0 \quad \ldots \ldots \ldots \quad (4)$$

anwenden, deren Wurzeln mit den Abszissen der Schnittpunkte der beiden Kurven

$$y = f(x), \quad y = 0, \quad \ldots \ldots \quad (4\,\text{a})$$

d. i. der durch die erste Gleichung $y = f(x)$ gegebenen Kurve mit der durch $y = 0$ definierten Abszissenachse OX, identisch sind.

1. **Beispiel.** Gegeben sei die Gleichung ersten Grades

$$y = x\,\text{tg}\,\alpha + b, \quad \ldots \ldots \ldots \quad (5)$$

deren graphische Darstellung in Fig. 4 eine Gerade mit dem Neigungswinkel α ergibt, welche die Abszissenachse $(y = 0)$ in dem Punkte $x = -\dfrac{b}{\text{tg}\,\alpha}$ $= -b\,\text{cotg}\,\alpha$ und die Ordinatenachse $(x = 0)$ im Punkte $y = +b$ schneidet. Die Umkehrung der Gleichung liefert die inverse Funktion

$$x = \frac{y - b}{\text{tg}\,\alpha} = (y - b)\,\text{cotg}\,\alpha, \quad . \quad (5\,\text{a})$$

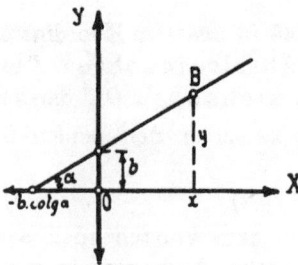

Fig. 4.

die ebenfalls eine Gleichung der Geraden B bedeutet.

2. **Beispiel.** Bezeichnen wir mit y den Druck eines Gases in Kilogramm auf ein Quadratmeter, mit x das Volumen von 1 Kilogramm

des Gases, gemessen in Kubikmetern, so ändern sich nach dem Boyle-Mariotteschen Gesetze diese Größen bei konstanter Temperatur nach der Gleichung

$$xy = C. \qquad \ldots \ldots \ldots \quad (6)$$

Wir erhalten also eine Kurve AB mit einem konstanten Inhalt C des aus der Abszisse und Ordinate jedes Punktes gebildeten Rechtecks, woraus sich sofort die in Fig. 5 angedeutete einfache punktweise Konstruktion der Kurve ergibt. Lösen wir die Gleichung nach y oder x auf, schreiben also

$$y = \frac{C}{x} \text{ oder } x = \frac{C}{y} \quad (6\,\text{a}),$$

so erkennen wir, daß die Funktion durch Umkehrung keine Änderung erleidet, oder daß wir, ohne die Lage der Kurve zu ändern, die beiden

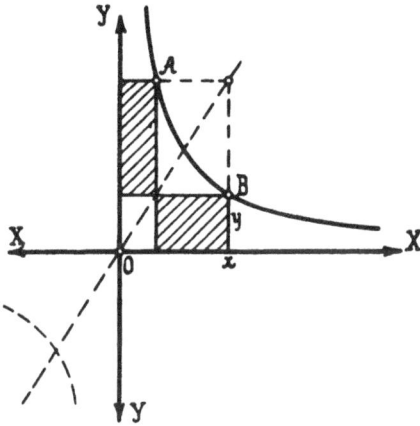

Fig. 5.

Koordinatenachsen miteinander vertauschen können. Weiter folgt aus diesen beiden [Formeln für $x = 0$, $y = \infty$, bzw. für $y = 0$, $x = \infty$, d. h. die Kurve erreicht die beiden Achsen erst im Unendlichen. Schließlich ändert sich die Gleichung $xy = C$ auch nicht durch gleichzeitigen Vorzeichenwechsel beider Veränderlichen, so daß unserer Gleichung auch ein im Scheitelquadranten gelegener in Fig. 5 punktierter Kurvenzweig genügt, der mit dem ausgezogenen kongruent ist. Dieser Zweig besitzt übrigens keine physikalische Bedeutung für Gase.

3. Beispiel. Trägt man die den beiden Gleichungen (5) und (6)

$$y = x \operatorname{tg} \alpha + b, \quad xy = C \ldots \ldots \ldots \quad (7)$$

entsprechenden Kurven Fig. 4 und 5 in ein und dasselbe Koordinatensystem ein, so ergeben die Koordinaten ihrer Schnittpunkte die Wurzeln des simultanen Gleichungspaares (7), die sich in diesem Falle auch leicht exakt berechnen lassen. Eliminiert man nämlich aus beiden Gleichungen die Veränderliche x, so folgt

$$y^2 - by = C \operatorname{tg} \alpha \ldots \ldots \ldots \quad (7\,\text{a})$$

mit den beiden Wurzeln

$$y = +\frac{b}{2} \pm \sqrt{\frac{b^2}{4} + C \operatorname{tg} \alpha,} \quad \ldots \ldots \quad (7\,\text{b})$$

denen dann die Werte

$$x = (y - b)\cot\alpha = -\frac{b}{2}\cot\alpha \pm \sqrt{\frac{b^2\cot^2\alpha}{4} + C\cot\alpha} \quad (7\,\mathrm{c})$$

entsprechen. Wir erhalten also infolge der quadratischen Natur von (7 a) zwei Wurzelpaare im Einklang mit den beiden Schnittpunkten der Kurven.

    4. Beispiel. Um die drei Wurzeln der kubischen Gleichung

$$x^3 - 5x^2 + 9x - 5 = 0 \quad \cdots \cdots \quad (8)$$

graphisch zu ermitteln, setze man in der Formel

$$y = x^3 - 5x^2 + 9x - 5 \quad \cdots \cdots \quad (8\,\mathrm{a})$$

der Reihe nach verschiedene Werte von x ein. Man erhält so die Koordinatenpaare

$$x = -3, \quad -2, \quad -1, \quad 0, +1, +2, +3 \text{ usw.,}$$
$$y = -300, -41, -20, -5, \quad 0, +1, +4 \text{ usw.}$$

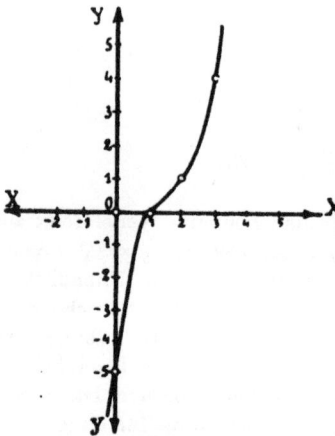

Fig. 6.

und erkennt, daß die der Gleichung (8 a) entsprechende Kurve Fig. 6 die Abszissenachse in dem Punkte $x = 1$ schneidet, womit schon eine reelle Wurzel von (8) gegeben ist. Das stetige Ansteigen der Kurve mit wachsendem x deutet darauf hin, daß weitere Schnittpunkte mit der X-Achse nicht existieren, d. h. daß die beiden anderen Wurzeln von (8) konjugiert komplex sind. Zur Entscheidung dieser Frage setze man probeweise

$$x^3 - 5x^2 + 9x - 5$$
$$= (x^2 + ax + b)(x - 1)$$

oder nach Ausführung der rechtsseitigen Multiplikation

$$x^3 - 5x^2 + 9x - 5 = x^3 + (a - 1)x^2 + (b - a)x - b.$$

Die Identität beider Ausdrücke erfordert aber die Übereinstimmung der Faktoren der gleichen Potenzen von x auf beiden Seiten, woraus

$$a = -4, \quad b = +5$$

folgt. Die Auflösung der quadratischen Gleichung

$$x^2 - 4x + 5 = 0$$

liefert schließlich das konjugiert komplexe Wurzelpaar

$$x = 2 \pm \sqrt{-1},$$

womit im Verein mit $x = 1$ alle Wurzeln von (8) gegeben sind.

    Aus den bisherigen Betrachtungen geht hervor, daß man die rechnerische Behandlung von Gleichungen mit zwei Un-

bekannten durch geometrische Darstellungen ersetzen kann, solange wenigstens die vorgelegten Gleichungen nur reelle Konstanten enthalten. Daraus dürfen wir schließen, daß auch der
umgekehrte Weg, d. h. der Ersatz geometrischer Konstruktionen
durch analytische Rechnungen mit Gleichungen, welche aus
den Eigenschaften geometrischer Gebilde abgeleitet sind, praktische Vorteile insbesondere dann verspricht, wenn es sich um
die Aufdeckung allgemeiner Beziehungen handelt. Dieses von
dem Franzosen D e s c a r t e s (Cartesius), nach dem man wohl
auch die rechtwinkligen Koordinaten als Cartesische bezeichnet,
zuerst mit Erfolg angewandte Verfahren bildet in der Tat die
Grundlage der sog. a n a l y t i s c h e n G e o m e t r i e, mit der wir
uns zunächst beschäftigen wollen.

§ 2. Die gerade Linie.

Eine g e r a d e L i n i e oder kurz eine G e r a d e ist in der
Ebene vollständig bestimmt durch einen ihrer Punkte und die
Neigung gegen eine feste Gerade, z. B. die Abszissenachse. Bezeichnen wir die Koordinaten dieses Punktes P_1 mit $x_1 \, y_1$, diejenigen eines beliebigen Punktes P der Geraden mit xy und
ihren Neigungswinkel gegen die X-Achse mit α, so ist in dem
Dreieck $P_1 P C$ (Fig. 7)

$$y - y_1 = (x - x_1) \operatorname{tg} \alpha \quad \ldots \quad \ldots \quad (1)$$

oder

$$y = y_1 - x_1 \operatorname{tg} \alpha + x \operatorname{tg} \alpha.$$

Hierin bedeutet aber (mit $x = 0$) $y_1 - x_1 \operatorname{tg} \alpha = b$ den Abschnitt OB der Geraden auf der Ordinatenachse, so daß wir an
Stelle von (1) auch

$$y = x \operatorname{tg} \alpha + b \quad \ldots \quad \ldots \quad \ldots \quad (2)$$

als G l e i c h u n g d e r G e r a d e n schreiben dürfen. Fällt die
Konstante b weg, so haben wir es mit einer Geraden durch den
Anfangspunkt O selbst zu tun, deren Gleichung somit

$$y = x \operatorname{tg} \alpha \quad \ldots \quad \ldots \quad \ldots \quad (2\,\mathrm{a})$$

lautet.

Bezeichnen wir ferner den Abschnitt der Geraden auf der
positiven Abszissenachse (für $y = 0$) mit a, so wird in Fig. 7
in dem Dreieck APD die Strecke $AD = x + a$, woraus sich
die Proportion ergibt

$$\frac{y}{x+a} = \frac{b}{a}$$

oder

$$\frac{x}{-a} + \frac{y}{b} = 1 \quad . \quad . \quad . \quad . \quad . \quad . \quad (3)$$

als eine dritte Form der Gleichung unserer Geraden, die sich durch ihren symmetrischen Bau auszeichnet und aus (2) durch Division mit b sowie mit $\frac{b}{\text{tg } \alpha} = a$ unmittelbar hervorgeht.

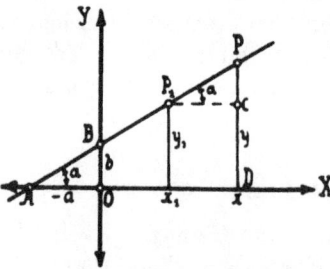

Fig. 7.

Würde der Punkt A rechts von O liegen, so hätten wir in (3) $-a$ durch $+a$ zu ersetzen, wodurch die Gleichung die Form

$$\frac{x}{a} + \frac{y}{b} = 1 \quad . \quad .(3\,\text{a})$$

annimmt.

Eine Gerade ist weiterhin auch bestimmt durch zwei ihrer Punkte P_1 und P_2 mit den Koordinaten $x_1 y_1$ und $x_2 y_2$, welche die Gleichung erfüllen müssen. Benutzen wir hierfür die Form (2) so folgt

$$y_1 = x_1 \text{ tg } \alpha + b$$
$$y_2 = x_2 \text{ tg } \alpha + b$$

und daraus durch Subtraktion

$$y_1 - y_2 = (x_1 - x_2) \text{ tg } \alpha.$$

Dividieren wir diese Formel in Gl. (1), so erhalten wir als neue Gleichung der durch unsere zwei Punkte hindurchgehenden Geraden

$$\frac{y - y_1}{x - x_1} = \frac{y_1 - y_2}{x_1 - x_2}, \quad . \quad . \quad . \quad . \quad . \quad (4)$$

die wir natürlich auch auf rein geometrischem Wege aus Fig. 7 hätten ableiten können.

Fällen wir nun in Fig. 8 vom Koordinatenanfang O aus ein Lot von der Länge l auf die Gerade vom Neigungswinkel α gegen die Abszissenachse und gleichzeitig ein solches AC vom Endpunkte A der Abzisse eines beliebigen Punktes P der Geraden, so wird dieses letztere Lot von einer Parallelen zur Geraden durch O im Punkte B getroffen und wir erhalten

$$l = BC = AC - AB$$

oder wegen
$$AC = y \cos \alpha, \quad AB = x \sin \alpha$$
auch
$$y \cos \alpha - x \sin \alpha = l \quad . \quad . \quad . \quad . \quad (5)$$
als fünfte Gleichungsform. Diese läßt sich durch Division mit l sowie mit den Substitutionen

$$\frac{l}{\cos \alpha} = b, \quad \frac{l}{\sin \alpha} = a$$

sofort auf die Form (3) zurück-
führen bzw. aus dieser her-
leiten.

Alle bisher entwickelten
Gleichungen der Geraden sind
sowohl für die Abszisse x wie
auch für die Ordinate y vom
ersten Grade und können
daher als Sonderfälle der allgemeinen Gleichung ersten
Grades

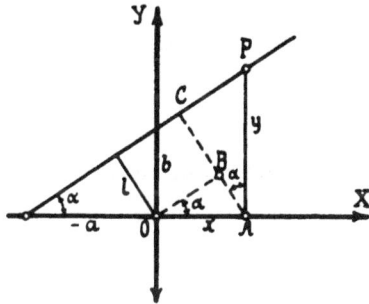

Fig. 8.

$$Ax + By = C \quad . \quad . \quad . \quad . \quad . \quad . \quad (6)$$
angesehen werden, worin A, B, C beliebige reelle Konstanten bedeuten. Schreiben wir diese Gleichung in der Form

$$y = -\frac{A}{B} x + \frac{C}{B} \quad . \quad . \quad . \quad . \quad (6\,a)$$

so wird sie offenbar mit (2) identisch, wenn wir

$$-\frac{A}{B} = \operatorname{tg} \alpha, \quad \frac{C}{B} = b$$

setzen. Daraus geht hervor, daß nicht nur die Gerade durch Gleichungen ersten Grades befriedigt wird, sondern daß umgekehrt jede Gleichung ersten Grades zwischen zwei Veränderlichen eine Gerade darstellt und darum auch als lineare Gleichung bezeichnet wird.

Der Schnittpunkt zweier Geraden

$$\left.\begin{array}{l} y = x \operatorname{tg} \alpha_1 + b_1 \\ y = x \operatorname{tg} \alpha_2 + b_2 \end{array}\right\} \quad . \quad . \quad . \quad . \quad . \quad (7)$$

besitzt die Koordinaten

$$x = -\frac{b_2 - b_1}{\operatorname{tg} \alpha_2 - \operatorname{tg} \alpha_1}, \quad y = \frac{b_1 \operatorname{tg} \alpha_2 - b_2 \operatorname{tg} \alpha_1}{\operatorname{tg} \alpha_2 - \operatorname{tg} \alpha_1} \quad (7\,a),$$

welche für $\operatorname{tg} \alpha_1 = \operatorname{tg} \alpha_2$, d. h. im Falle eines parallelen Verlaufes der Geraden unendlich werden.

Stehen die beiden Geraden (7) senkrecht zueinander, so ist $a_2 = a_1 + 90^0$, also

$$\operatorname{tg} a_2 \operatorname{tg} a_1 = -1$$

und wir erhalten für den Schnittpunkt die Koordinaten

$$x = (b_2 - b_1) \sin a \cos a; \quad y = b_1 \cos^2 a_1 + b_2 \sin^2 a_1 \quad (7\mathrm{b}).$$

. Bezeichnen wir die ¦Entfernung zweier Punkte P_1 und P_2 mit den Koordinaten $x_1 y_1$ bezw. $x_2 y_2$ mit s (Fig. 9), so ist bei einem Neigungswinkel a der Geraden $P_1 P_2$

$$x_2 - x_1 = s \cos a, \quad y_2 - y_1 = s \sin a,$$

woraus

$$s^2 = (x_2 - x_1)^2 + (y_2 - y_1)^2 \quad \ldots \ldots \quad (8)$$

im Einklang mit dem Pythagoreischen Lehrsatz für das aus den Seiten $x_2 - x_1$, $y_2 - y_1$ und s bestehende Dreieck hervorgeht.

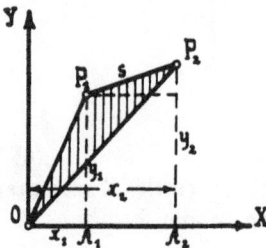

Die beiden Punkte P_1 und P_2 bestimmen aber auch mit dem Koordinatenanfang O ein Dreieck $OP_1 P_2$,
dessen Inhalt nach Fig. 9 sich zusammensetzt wie folgt

$$OP_1 P_2 = OA_1 P_1 + A_1 P_1 P_2 A_2 - OA_2 P_2.$$

Nach Einsetzen der Koordinaten
der Eckpunkte ¦$P_1 P_2$ berechnet sich
hiermit die Dreieckfläche F zu

Fig. 9.

$$F = \frac{x_1 y_1}{2} + \frac{(x_2 - x_1)(y_2 + y_1)}{2} - \frac{x_2 y_2}{2}$$

woraus nach Kürzung

$$2F = y_1 x_2 - y_2 x_1 \quad \ldots \ldots \ldots \quad (9)$$

hervorgeht. Dieser Ausdruck ändert offenbar sein Vorzeichen, wenn man die Indizes 1 und 2 mit einander vertauscht, so daß man auch schreiben darf

$$OP_1 P_2 = -OP_2 P_1.$$

Das heißt aber nichts anderes, als daß das Vorzeichen unserer Dreieckfläche davon abhängt, ob wir seinen Umfang im Sinne des Uhrzeigers oder entgegengesetzt umfahren. Welchem der beiden Drehungssinne wir das positive Vorzeichen zuordnen wollen, bleibt zunächst unserem Ermessen anheimgestellt.

1. Beispiel. Um die Länge des Lotes l_1 von einem Punkte $x_0 y_0$ auf die Gerade von der Gl. (5)

$$y \cos \alpha - x \sin \alpha = l$$

zu ermitteln, brauchen wir nur durch den Punkt eine Parallele hinzuzuziehen, deren Abstand vom Anfang O mit l_0 bezeichnet werde. Alsdann ist

$$y \cos \alpha - x \sin \alpha = l_0$$

die Gleichung dieser Parallelen, der auch der Punkt $x_0 \, y_0$ derart genügt, daß

$$y_0 \cos \alpha - x_0 \sin \alpha = l_0$$

gilt. Das gesuchte Lot l_1 ist nun offenbar nichts anderes als die Differenz $l_0 - l$, so daß wir dafür schreiben dürfen

$$l_1 = l_0 - l = y_0 \cos \alpha - x_0 \sin \alpha - l. \quad \ldots \quad (10).$$

2. B e i s p i e l. Es seien die Koordinaten $x_1 \, y_1$ des Fußpunktes des Lotes von einem Punkte $x_0 \, y_0$ auf die Gerade

$$y = x \, \mathrm{tg}\, \alpha + b$$

anzugeben. Dieser Fußpunkt genügt einerseits der Gleichung dieser Geraden, so zwar daß

$$y_1 = x_1 \, \mathrm{tg}\, \alpha + b. \quad \ldots \ldots \ldots \quad (11),$$

während die Gleichung des durch $x_0 \, y_0$ und $x_1 \, y_1$ hindurchgehenden Lotes mit dem Neigungswinkel α_0

$$\frac{y - y_1}{x - x_1} = \frac{y_1 - y_0}{x_1 - x_0} = \mathrm{tg}\, \alpha_0$$

ist. Die Bedingung für die Normalstellung zur vorgelegten Geraden lautet aber

$$\mathrm{tg}\, \alpha_0 \, \mathrm{tg}\, \alpha = -1$$

oder

$$\frac{y_1 - y_0}{x_1 - x_0} \mathrm{tg}\, \alpha = -1 \quad \ldots \ldots \ldots \quad (12).$$

Für die Auflösung der beiden Gl. (11) und (12) nach x_1 und y_1 schreiben wir sie zweckmäßig in der Form

$$y_1 - x_1 \, \mathrm{tg}\, \alpha = b$$
$$y_1 \, \mathrm{tg}\, \alpha + x_1 = y_0 \, \mathrm{tg}\, \alpha + x_0$$

woraus sich schließlich ergibt

$$\left.\begin{array}{l} x_1 = (y_0 - b) \sin \alpha \cos \alpha + x_0 \cos^2 \alpha \\ y_1 = x_0 \sin \alpha \cos \alpha + b \cos^2 \alpha + y_0 \sin^2 \alpha \end{array}\right\} \quad \ldots \ldots \quad (13).$$

3. B e i s p i e l. Der Flächeninhalt eines Polygons mit den Eckpunkten $P_1 P_2 \ldots P_n$, deren Koordinaten bzw. $x_1 y_1,\ x_2 y_2,\ \ldots x_n y_n$ sein mögen, ergibt sich durch Zusammensetzung aus den Dreiecken $OP_1 P_2,\ OP_2 P_3 \ldots OP_n P_1$ (Fig. 10), von denen das letzte im umgekehrten Sinne umfahren wird, wie die vorhergehenden. Diesem Umstand wird man indessen schon gerecht durch Summierung des Aus-

drucks (9) für die doppelte Fläche der Einzeldreiecke mit fortschreitenden Indizes, so daß wir schließlich erhalten

$$2\,F = \left| \begin{array}{l} y_1\,x_2 - y_2\,x_1 \\ + y_2\,x_3 - y_3\,x_2 \\ + \cdots \cdots \\ + y_n\,x_1 - y_1\,x_n \end{array} \right| \quad \ldots \ldots \quad (14).$$

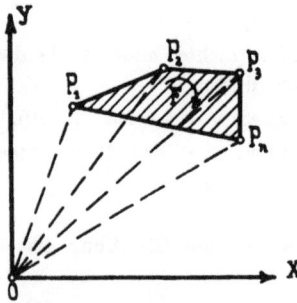

4. Beispiel. Nach dem vorigen
Beispiel ist der doppelte Inhalt des durch
die drei Punkte $P_1\,P_2\,P_3$ mit den Koordinaten $x_1\,y_1$, $x_2\,y_2$, $x_3\,y_3$ bestimmten
Dreiecks

$$2\,F = \left\{ \begin{array}{l} y_1\,x_2 - y_2\,x_1 \\ + y_2\,x_3 - y_3\,x_2 \\ + y_3\,x_1 - y_1\,x_3 \end{array} \right\} \quad (14\text{a})$$

Das Verschwinden dieses Ausdrucks
liefert zugleich die Bedingung dafür, daß die drei Punkte $P_1\,P_2\,P_3$
auf einer Geraden liegen,
nämlich

Fig. 10.

$$y_1\,x_2 - y_2\,x_1 + y_2\,x_3 - y_3\,x_2 + y_3\,x_1 - y_1\,x_3 = 0 \quad . \quad . \quad (15)$$

Diese Bedingung folgt auch aus Gl. (4), wenn wir dort $y = y_3$ und
$x = x_3$ einsetzen und beiderseit die Nenner wegschaffen.

Das Verschwinden des Ausdrucks (14) für ein Polygon mit mehr
als drei Seiten bedingt dagegen noch nicht, daß die Punkte $P_1\,P_2\ldots P_n$
auf einer Geraden liegen, sondern nur, daß
beim Fortschreiten von einem Punkte zum
nächsten in der obigen Reihenfolge die im
positiven und negativen Sinne umfahrenen
Flächenstücke sich ausgleichen. Dieser entgegengesetzte Drehungssinn ist natürlich
nur möglich, wenn die Polygonseiten sich,
wie in Fig. 11 angedeutet, kreuzen, wodurch bei vier Ecken ein sog.
Vierseit $P_1\,P_2\,P_3\,P_4$ entsteht im Gegensatze zu dem Viereck $P_1\,P_2\,P_4\,P_3$.

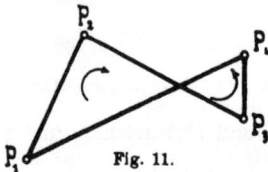

Fig. 11.

5. Beispiel. Der geometrische Ort eines Punktes $x\,y$, der von
zwei anderen $x_1\,y_1$ und $x_2\,y_2$ dieselbe Entfernung besitzt, ergibt sich
durch Gleichsetzen der Abstandsquadrate

$$(x - x_1)^2 + (y - y_1)^2 = (x - x_2)^2 + (y - y_2)^2,$$

woraus nach Auflösung der Klammern und Kürzung der beiderseits
gleichen Glieder

$$2(x_2 - x_1)\,x + 2(y_2 - y_1)\,y = (x_2^2 + y_2^2) - (x_1^2 + y_1^2) \quad . \quad (16),$$

d. h. die Gleichung einer Geraden resultiert, die, wie der Vergleich mit Gl. (4) lehrt, auf der Verbindungslinie von $x_1\,y_1$ und $x_2\,y_2$ senkrecht steht und diese halbiert. Wir wollen diese Gerade als die mittlere Normale zu den Punkten $x_1\,y_1$ und $x_2\,y_2$ bezeichnen.

§ 3. Der Kreis.

Den geometrischen Ort aller Punkte in der Ebene mit gleichem Abstand oder Radius von einem vorgelegten festen Punkt, sog. Mittelpunkt oder Zentrum, bezeichnen wir als einen Kreis. Wählen wir im ein-fachsten Fall als Mittelpunkt den Koordinatenanfang O und bezeich-nen mit a den Radius OP eines Kreispunktes P (Fig. 12), so erfüllen dessen Koordinaten $x\,y$ nach dem Pythagoreischen Lehrsatz die Glei-chung

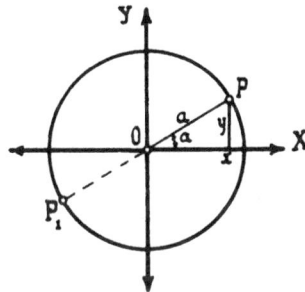

$$x^2 + y^2 = a^2 \quad . \ . \ (1),$$

welche schon die Mittelpunkts-gleichung des Kreises darstellt.

Fig. 12.

Schneiden wir den Kreis mit einer Geraden durch den Mittelpunkt O mit der Gl. (2a) des § 2, d. h.

$$y = x \operatorname{tg} \alpha \quad . \ . \ . \ . \ . \ . \ (2),$$

so ergibt sich nach Einsetzen in Gl. (1)

$$x^2 (1 + \operatorname{tg}^2 \alpha) = \frac{x^2}{\cos^2 \alpha} = a^2$$

oder umgekehrt

$$y^2 (1 + \operatorname{cotg}^2 \alpha) = \frac{y^2}{\sin^2 \alpha} = a^2.$$

Dies führt auf zwei zusammengehörige Wertpaare

$$x = \pm\, a \cos \alpha, \quad y = \pm\, a \sin \alpha \ . \ . \ . \ . \ (3)$$

für die Koordinaten mit entgegengesetzt gleichen Vorzeichen und liefert somit zwei auf der Schnittgeraden symmetrisch zum Anfang O liegende Punkte, deren Abstand $PP_1 = 2\,a$ einen Durchmesser des Kreises bildet.

Schneiden wir dagegen in Fig. 13 den Kreis um O mit einer beliebigen Geraden von der Gl. (1) des § 2, d. h.

$$y = x \operatorname{tg} \alpha + b \ . \ . \ . \ . \ . \ . \ (4),$$

so folgt durch Einsetzen in (1)

$$x^2(1 + \operatorname{tg}^2 \alpha) + 2x\, b \operatorname{tg} \alpha = a^2 - b^2$$

oder

$$x^2 + 2xb \sin \alpha \cos \alpha = (a^2 - b^2) \cos^2 \alpha,$$

woraus schließlich wegen

$$\cos^2 \alpha + \sin^2 \alpha = 1$$

$$\left.\begin{array}{l} x = -\cos\alpha\,(b\sin\alpha \pm \sqrt{a^2 - b^2 \cos^2 \alpha}) \\ y = b\cos^2\alpha \pm \sin\alpha \sqrt{a^2 - b^2 \cos^2 \alpha} \end{array}\right\} \quad \dots \quad (5),$$

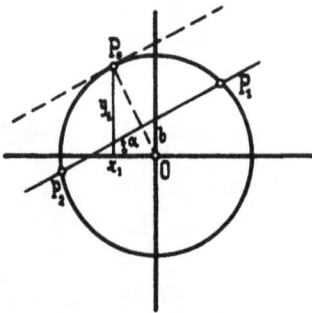

Fig. 13.

also wieder zwei Wertpaare für die Koordinaten sich ergeben, denen so lange zwei Schnittpunkte P_1 und P_2 entsprechen, als

$$a > b \cos \alpha \quad \dots \quad (5a)$$

bleibt. Ist diese Bedingung nicht erfüllt, so werden die Ausdrücke konjugiert komplex. Alsdann existieren keine reellen Schnittpunkte und die Gerade läuft an dem Kreise vorbei.

Verschwindet aber die Differenz unter dem Wurzelzeichen, wird also $b^2 \cos^2 \alpha = a^2$, so fallen die beiden Werte für x bzw. y und damit auch die beiden Punkte P_1 und P_2 zu einem Punkte P_0 mit den Koordinaten

$$x_1 = -b \sin \alpha \cos \alpha, \quad y_1 = +b \cos^2 \alpha \quad \dots \quad (6)$$

zusammen, indem die in Fig. 13 punktierte Gerade (4) den Kreis berührt. Man bezeichnet sie in diesem Falle als die **Tangente des Kreises** im Punkte P_0 und pflegt ihre Konstanten b und α durch die Koordinaten $x_1\, y_1$ auszudrücken. Dividiert man nämlich die beiden Formeln (6) ineinander, so folgt zunächst

$$\frac{x_1}{y_1} = -\operatorname{tg} \alpha \quad \dots \quad \dots \quad (6a)$$

und nach Einführung in Gl. (4)

$$y = -\frac{x_1}{y_1}\, x + b.$$

Multipliziert man beiderseitig mit y_1 und beachtet, daß nach (6)

$$y_1 b = b^2 \cos^2 \alpha = a^2$$

ist, so vereinfacht sich die Gleichung der Kreistangente
im Punkte $x_1 y_1$ in

$$x x_1 + y y_1 = a^2 \quad \ldots \ldots \quad (7),$$

deren analoger Bau zur Mittelpunktsgleichung des Kreises in
die Augen springt. Fällt der Mittelpunkt des Kreises nicht mit
dem Koordinatenanfang zusammen, sondern besitzt er selbst die
Koordinaten $x_0 y_0$, so ist der konstante Abstand a eines Punktes
$x y$ des Kreisumfanges nach Gl. (8) § 2 durch die Formel

$$(x - x_0)^2 + (y - y_0)^2 = a^2 \quad \ldots \ldots \quad (8)$$

definiert, welche mit den drei Konstanten x_0, y_0, a schon die allgemeine Kreisgleichung darstellt, und für $x_0 = a$, $y_0 = 0$,
d. h. für eine Lage des Anfangspunktes O auf dem Kreis-
umfange selbst, während der Mittel-
punkt M auf der X-Achse liegt,
Fig. 14, in die sog. Scheitelgleichung

$$(x - a)^2 + y^2 = a^2$$

oder

$$x^2 + y^2 = 2 a x \quad \ldots \quad (9)$$

übergeht. Diese unterscheidet
sich von den anderen For-
meln (1) und (8) vor allem da-

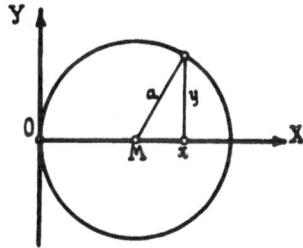

Fig. 14.

durch, daß sie kein von den Veränderlichen freies
Glied mehr enthält, sie hat mit ihnen jedoch den
quadratischen Charakter gemein.

Sind zwei Kreise mit den Radien a_1 und a_2 und den
Mittelpunktskoordinaten $x_1 y_1$, sowie $x_2 y_2$ vorgelegt, so lauten
deren allgemeine Gleichungen nach (8)

$$\left. \begin{array}{l} (x - x_1)^2 + (y - y_1)^2 = a_1{}^2 \\ (x - x_2)^2 + (y - y_2)^2 = a_2{}^2 \end{array} \right\} \quad \ldots \ldots \quad (10).$$

oder nach Auflösung der Klammern

$$\left. \begin{array}{l} x^2 + y^2 - 2 x_1 x - 2 y_1 y + x_1{}^2 + y_1{}^2 = a_1{}^2 \\ x^2 + y^2 - 2 x_2 x - 2 y_2 y + x_2{}^2 + y_2{}^2 = a_2{}^2 \end{array} \right\} \quad (10a).$$

Diese beiden Formeln zusammen bestimmen offenbar die
Koordinaten $x y$ des Schnittes der Kreise, für den sich auch
durch Subtraktion

$$2 (x_2 - x_1) x + 2 (y_2 - y_1) y = a_1{}^2 - a_2{}^2 - x_1{}^2 + x_2{}^2 - y_1{}^2 + y_2{}^2 \quad (11),$$

also die Gleichung einer Geraden ergibt. Das heißt

aber nichts anderes, als daß wir den Schnitt zweier
Kreise durch denjenigen eines Kreises mit einer
Geraden ersetzen dürfen. Schreiben wir die Gleichung (11)
in der Form

$$y = -\frac{x_2 - x_1}{y_2 - y_1}\, x + \frac{a_1^2 - a_2^2}{2(y_2 - y_1)} - \frac{x_1^2 - x_2^2 + y_1^2 - y_2^2}{2(y_2 - y_1)} \qquad \text{(11a)},$$

während die Verbindungsgerade der beiden Kreismittelpunkte nach Gl. (4) § 2 die Gleichung

$$y = \frac{y_2 - y_1}{x_2 - x_1}\, x + \frac{y_1\, x_2 - y_2\, x_1}{x_2 - x_1} \quad \ldots \ldots \text{(12)}$$

besitzt, so erkennen wir, daß beide Geraden senkrecht zueinander stehen, ein aus der Elementargeometrie bekannter Satz.

  1. Beispiel. Um den geometrischen Ort aller Punkte P zu er-
mitteln, welche von zwei festen Punkten ein konstantes Abstands-
verhältnis besitzen, verlegen wir den einen dieser Punkte in den
Koordinatenanfang O, Fig 15. den andern C in die Abszissenachse im
Abstande c davon und erhalten dann für die beiden Abstände eines
Punktes P des geometrischen Ortes mit den Koordinaten x, y die
Ausdrücke

$$\left. \begin{aligned} r_1^2 &= x^2 + y^2 \\ r_2^2 &= (x - c)^2 + y^2 \end{aligned} \right\} \quad \text{(13)}.$$

Soll nun

$$\frac{r_2}{r_1} = \varepsilon \quad \ldots \quad \text{(14)}$$

sein, so folgt auch

$$(x - c)^2 + y^2 = (x^2 + y^2)\, \varepsilon^2 \, . \quad \text{(15)}$$

oder

$$x^2 + y^2 - \frac{2\, c\, x}{1 - \varepsilon^2} = -\frac{c^2}{1 - \varepsilon^2} \quad \text{(15a)}.$$

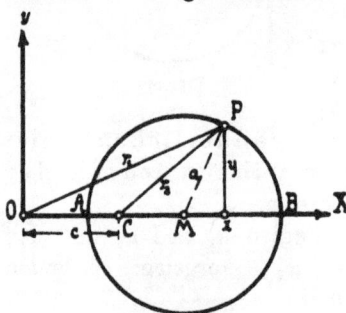

Fig. 15.

Fügen wir auf beiden Seiten den Bruch $\dfrac{c^2}{(1 - \varepsilon^2)^2}$ hinzu, so dürfen wir
auch hierfür schreiben

$$\left(x - \frac{c}{1 - \varepsilon^2}\right)^2 + y^2 = \frac{c^2\, \varepsilon^2}{(1 - \varepsilon^2)^2} \quad \ldots \ldots \text{(15b)}$$

und erkennen, daß der gesuchte geometrische Ort ein Kreis ist mit
dem Radius

$$a = \frac{c\, \varepsilon}{1 - \varepsilon^2} \quad \ldots \ldots \ldots \text{(16)}$$

und dem Zentralabstand von O

$$x_0 = \frac{c}{1 - \varepsilon^2} \quad \ldots \ldots \ldots \text{(16a)}$$

Die Schnittpunkte A und B des Kreises mit der Verbindungslinie der beiden Festpunkte OC, d. h. der Abszissenachse, ergeben sich aus (15) mit $y = 0$ als Wurzeln der Gleichung

$$(x - c)^2 = x^2 \varepsilon^2 \quad \ldots \ldots \ldots \text{(17)}$$

mit den Werten

$$x = \frac{c}{1 + \varepsilon} \quad \ldots \ldots \ldots \text{(17a)}$$

Man übersieht, daß für $\varepsilon = \pm 1$ eine dieser Wurzeln unendlich wird, während die andere in $x = \frac{c}{2}$ übergeht. Gleichzeitig aber wird auch nach (16) der Kreisradius $a = \infty$, so daß in diesem Falle der Kreis in eine Gerade senkrecht zur Linie OC entartet (vrgl. § 2, 5. Beispiel).

2. Beispiel. Die allgemeine Kreisgleichung (8) enthält drei Konstanten, nämlich $x_0 y_0$ und a, deren Bestimmung naturgemäß auch drei Gleichungen voraussetzt. Daraus folgt sofort, daß zur Festlegung eines Kreises drei seiner Umfangspunkte mit den Koordinaten $x_1 y_1$, $x_2 y_2$, $x_3 y_3$ genügen, deren Einführung in die Kreisgleichung die drei notwendigen Gleichungen

$$\left. \begin{array}{l} (x_1 - x_0)^2 + (y_1 - y_0)^2 = a^2 \\ (x_2 - x_0)^2 + (y_2 - y_0)^2 = a^2 \\ (x_3 - x_0)^2 + (y_3 - y_0)^2 = a^2 \end{array} \right\} \quad \ldots \ldots \text{(18)}$$

liefert. Schreiben wir dieselben nach Auflösung der Klammern in der Form

$$\left. \begin{array}{l} x_0^2 + y_0^2 - 2 x_1 x_0 - 2 y_1 y_0 = a^2 - (x_1^2 + y_1^2) \\ x_0^2 + y_0^2 - 2 x_2 x_0 - 2 y_2 y_0 = a^2 - (x_2^2 + y_2^2) \\ x_0^2 + y_0^2 - 2 x_3 x_0 - 2 y_3 y_0 = a^2 - (x_3^2 + y_3^2) \end{array} \right\} \quad \text{(18a)},$$

so können wir die Quadrate x_0^2, y_0^2 und a^2 leicht durch Subtraktion je zweier dieser Gleichungen entfernen und erhalten für die Ermittlung von $x_0 y_0$ die beiden Gleichungen

$$\left. \begin{array}{l} 2(x_2 - x_1) x_0 + 2(y_2 - y_1) y_0 = (x_2^2 + y_2^2) - (x_1^2 + y_1^2) \\ 2(x_3 - x_1) x_0 + 2(y_3 - y_1) y_0 = (x_3^2 + y_3^2) - (x_1^2 + y_1^2) \end{array} \right\} \text{(18b)}.$$

Es sind dies für die Koordinaten $x_0 y_0$ die Gleichungen zweier Geraden, und zwar nach Vergleich mit Gl. (16) § 2 der beiden mittleren Normalen zu $x_1 y_1$, $x_2 y_2$, sowie $x_1 y_1$, $x_3 y_3$, deren Schnitt demnach im Einklang mit einem bekannten Satze der elementaren Planimetrie den Kreismittelpunkt ergibt. Damit ist unser Problem auf den Schnitt zweier Geraden bzw. auf die Lösung zweier linearen Gleichungen mit zwei Unbekannten zurückgeführt, die wir dem Leser ebenso überlassen können wie die Berechnung von a durch Einsetzen dieser Lösung in eine der drei Gleichungen (18).

§ 4. Polarkoordinaten und zyklometrische Funktionen.

Um die Länge s eines K r e i s b o g e n s AP zwischen der Abszissenachse und einem Punkte P mit den Koordinaten xy anzugeben, führt man zweckmäßig in Fig. 16 den Winkel φ ein, den der Radius $OP = r$ mit der X-Achse bildet, und erhält dann,

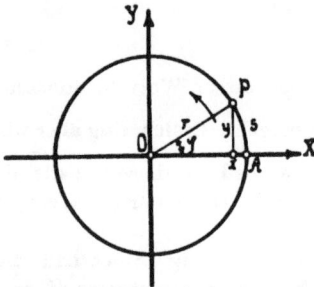

Fig. 16.

wenn π das Verhältnis des Halb- kreisbogens zum Radius bedeutet, die Proportion

$$\frac{s}{r\,\pi} = \frac{\varphi^0}{180^0}$$

und daraus

$$\frac{s}{r} = \pi\,\frac{\varphi^0}{180^0} \quad . \quad . \quad (1).$$

Dieses Verhältnis der Kreis- bogenlänge zum Radius bezeich- net man nun als den B o g e n selbst und schreibt dafür arc. φ (sprich Arcus φ) oder kurz

$$\varphi = \pi \cdot \frac{\varphi^0}{180^0} \quad . \quad . \quad . \quad . \quad . \quad . \quad (1)$$

womit die Bogenlänge

$$s = r\,\varphi \quad . \quad . \quad . \quad . \quad . \quad . \quad (1b)$$

wird. Der E i n h e i t d e s B o g e n s entspricht dann nach (1a) ein Winkel von

$$\varphi^0 = \frac{180^0}{\pi} = 57,\!_3{}^0, \text{ (genauer } 57^0\,17'\,45'')$$

während umgekehrt z. B.

den Winkeln $\varphi = 45^0 \quad 90^0 \quad 135^0 \quad 180^0$ usw.

die Bogen $\quad \varphi = \dfrac{\pi}{4} \quad \dfrac{\pi}{2} \quad \dfrac{3}{4}\pi \quad \pi$ usw.

zugehören. Im Einklang damit schreibt man auch z. B.

$$\sin 45^0 = \sin\frac{\pi}{4}, \ \sin(45+\varphi)^0 = \sin\left(\frac{\pi}{4}+\varphi\right) \text{ usw.},$$

wobei der Bogen als eine r e i n e Z a h l erscheint, die ebenso jeden beliebigen reellen Wert annehmen kann, wie die Zahl der Winkelgrade. Dabei ist nur zu beachten, daß für jede volle Um- drehung der Bogen um $2\,\pi$, der zugehörige Winkel um 360^0 zu- nimmt, so daß z. B. einem Bogen $\varphi = 12 = 2\pi + 5{,}717 = 4\,\pi - 0{,}566$

ein Winkel von $\varphi^0 = 360^0 + \dfrac{5{,}717 \cdot 180^0}{\pi} = 360^0 + 328^0 = 720^0$
$- 32^0$ entspricht.

Mit dieser neuen Schreibweise kann man sich dann den **Flächeninhalt des Kreissektors** OAP aus einer sehr großen Anzahl sehr kleiner, sog. Elementardreiecke zusammengesetzt denken, deren Höhe mit dem Radius r identisch ist, während ein kleiner Bruchteil $\varDelta s$ der Bogenlänge die Basis bildet. Dieser kleinen Bogenlänge entspricht dann nach (1b) der kleine Winkel $\varDelta \varphi$ derart, daß die Fläche des Elementardreiecks

$$\varDelta F = \frac{1}{2} r \cdot \varDelta s = \frac{r^2}{2} \varDelta \varphi$$

und die Gesamtfläche des Kreissektors durch Summierung mit $\Sigma \varDelta \varphi = \varphi$

$$F = \frac{r^2 \varphi}{2} \ \ . \ . \ . \ . \ . \ . \ . \ . \ (2)$$

wird. Mit $\varphi = 2\pi$ folgt daraus die bekannte Formel für die **ganze Kreisfläche**

$$F = r^2 \pi \ \ . \ . \ . \ . \ . \ . \ . \ (2a).$$

Aus Gl. (2) erhellt weiter, daß das Vorzeichen der Sektorfläche von demjenigen des Bogens φ oder, mit andern Worten, vom Drehungssinne abhängt, wie wir schon bei der Betrachtung der Dreieckfläche in § 2 bemerkt haben. Rechnen wir nun den Bogen φ mit dem zugehörigen Winkel von der positiven Abszissenachse aus nach oben, wie es der Pfeil in Fig. 16 andeutet, positiv, so **entspricht einer positiven Fläche ein dem Uhrzeiger entgegengesetzter Drehungssinn**, womit zugleich die in § 2 noch erwähnte Willkür in der Wahl der Umfahrungsrichtung einer Fläche beseitigt ist.

Die Lage des Punktes P in Fig. 16 ist nun durch seinen Abstand r vom Koordinatenanfang O und die Neigung φ dieses sog. **Fahrstrahls** OP (auch »Radius Vektor« genannt) gegen die feste Gerade OX ebenso eindeutig bestimmt wie durch die beiden rechtwinkligen Koordinaten x und y, die mit r und φ durch die Gleichungen

$$x = r \cos \varphi, \ y = r \sin \varphi \ \ . \ . \ . \ . \ . \ (3)$$

verknüpft sind. Wir dürfen demnach die beiden Veränder-

2*

lichen r und φ ebenfalls als Koordinaten in einem durch konzentrische Kreise um den als Pol bezeichneten Anfang O, sowie
von ihm ausgehende Strahlen gebildeten Polarkoordinaten-
system ansprechen. Die Gleichung eines dieser Kreise mit
dem Radius r folgt durch Addition der Quadrate von (3) zu

$$x^2 + y^2 = r^2 \quad \ldots \quad \ldots \quad (4),$$

woraus der stets positiv gerechnete Fahrstrahl sich zu

$$r = + \sqrt{x^2 + y^2} \quad \ldots \quad \ldots \quad (4a)$$

ergibt, während wir das negative Zeichen vor der Wurzel als
bedeutungslos unterdrücken. Der Bogen φ, also die zweite
Koordinate in unserem neuen System, ist dann durch die beiden
Gleichungen

$$\cos \varphi = \frac{x}{\sqrt{x^2 + y^2}}, \quad \sin \varphi = \frac{y}{\sqrt{x^2 + y^2}} \quad \ldots \quad (5)$$

bestimmt, deren Umkehrung man auch in der Form

$$\varphi = \text{arc} \cos \frac{x}{\sqrt{x^2 + y^2}} = \text{arc} \sin \frac{y}{\sqrt{x^2 + y^2}} \quad . \quad (5a)$$

schreibt. Durch Division beider Gleichungen (3) erhält man
schließlich

$$\text{tg}\, \varphi = \frac{y}{x}, \quad \text{cotg}\, \varphi = \frac{x}{y} \quad \ldots \quad \ldots \quad (6),$$

oder umgekehrt analog (5a)

$$\varphi = \text{arc}\, \text{tg}\, \frac{y}{x} = \text{arc}\, \text{cotg}\, \frac{x}{y} \quad \ldots \quad \ldots \quad (6a).$$

Wir erhalten also durch Umkehrung der Kreisfunktionen
sin, cos, tg, cotg vier neue sog. zyklometrische Funktionen,
nämlich arcsin, arccos, arctg und arccotg (sprich Arcus-Sinus
usw.). Wegen der Beziehungen

$$\sin \varphi = \cos \left(\frac{\pi}{2} - \varphi \right) = \frac{y}{\sqrt{x^2 + y^2}} = \frac{y}{r}$$

$$\text{tg}\, \varphi = \text{cotg} \left(\frac{\pi}{2} - \varphi \right) = \frac{y}{x}$$

dürfen wir aber auch umgekehrt schreiben

$$\varphi = \arcsin \frac{y}{r}, \quad \frac{\pi}{2} - \varphi = \arccos \frac{y}{r}$$

$$\varphi = \text{arctg}\, \frac{y}{x}, \quad \frac{\pi}{2} - \varphi = \text{arccotg}\, \frac{y}{x},$$

woraus durch Addition

$$\left.\begin{aligned}\arcsin\frac{y}{r}+\arccos\frac{y}{r}&=\frac{\pi}{2}\\\operatorname{arctg}\frac{y}{x}+\operatorname{arccotg}\frac{y}{x}&=\frac{\pi}{2}\end{aligned}\right\} \quad \ldots \ldots \quad (7)$$

für den einfachen Zusammenhang der Funktionen arcsin und arctg mit den Komplementären arccos und arccotg folgt, der die Verwendung der beiden letzteren geradezu entbehrlich erscheinen läßt.

1. Beispiel. Die Gleichung der Geraden

$$y = x \operatorname{tg} \alpha + b$$

lautet in Polarkoordinaten nach Einführung der Ausdrücke (3)

$$r(\sin \varphi - \cos \varphi \operatorname{tg} \alpha) = b$$

oder nach Division mit r

$$\sin \varphi - \cos \varphi \operatorname{tg} \alpha = \frac{b}{r} \quad \ldots \ldots \quad (8).$$

Für $\varphi = \frac{\pi}{2}$ folgt daraus mit $\sin\frac{\pi}{2}=1$, $\cos\frac{\pi}{2}=0$, $r=b$, also der Abschnitt der Geraden auf der Y-Achse, während für $\varphi = \pi$, $\sin \pi = 0$, $\cos \pi = -1$ sich der Abschnitt auf der X-Achse zu $r = b \operatorname{cotg} \alpha$ ergibt. Setzen wir schließlich in (8) $r = \infty$ ein, so wird hierfür $\operatorname{tg} \varphi = \operatorname{tg} \alpha$, d. h. die **Parallele durch den Anfang O enthält die beiden Fahrstrahlen nach den unendlich fernen Punkten der Geraden.**

2. Beispiel. Die Gleichung eines Kreises vom Radius a um den Mittelpunkt M mit den Koordinaten $x_0 y_0$ (Fig. 17), also

$$(x - x_0)^2 + (y - y_0)^2 = a^2$$

geht mit (3) sowie der Substitution der Polarkoordinaten $r_0 \varphi_0$ für den Kreismittelpunkt

$$x_0 = r_0 \cos \varphi_0, \quad y_0 = r_0 \sin \varphi_0$$

über in

$$(r \cos \varphi - r_0 \cos \varphi_0)^2 + (r \sin \varphi - r_0 \sin \varphi_0)^2 = a^2 \quad . \quad . \quad (9),$$

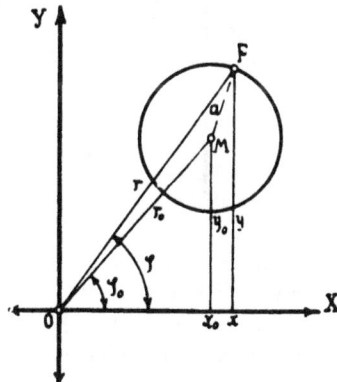

Fig. 17.

oder nach Auflösung der Klammern

$$r^2 + r_0^2 - 2 r r_0 (\cos \varphi \cos \varphi_0 + \sin \varphi \sin \varphi_0) = a^2,$$

wofür wir auch mit

$$\cos \varphi \cos \varphi_0 + \sin \varphi \sin \varphi_0 = \cos(\varphi - \varphi_0)$$

als allgemeine Kreisgleichung in Polarkoordinaten
schreiben dürfen

$$r^2 - 2r r_0 \cos(\varphi - \varphi_0) = a^2 - r_0^2 \quad \ldots \quad (9\,a).$$

Diese aus der Elementargeometrie bekannte Formel ergibt sich natürlich auch sofort aus der Betrachtung des Dreiecks OMP. Sie geht
für $r_0 = 0$, d. h. für einen Kreis um O selbst über in

$$r = a \quad \ldots \ldots \ldots \ldots \quad (9\,b)$$

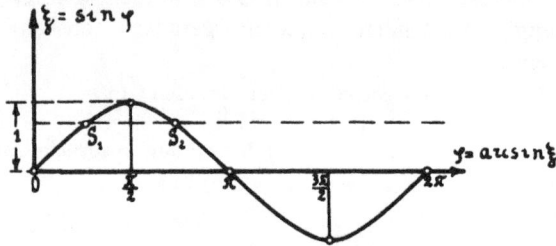

Fig. 18.

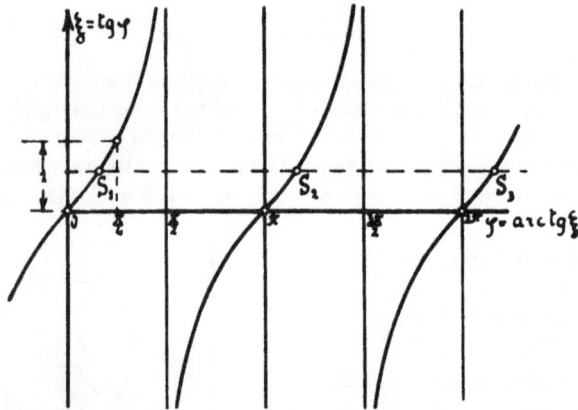

Fig. 19.

und stellt in dieser einfachsten Form die Mittelpunktsgleichung des
Kreises in Polarkoordinaten dar.

3. Beispiel. Um über den Verlauf der zyklometrischen Funktionen Klarheit zu gewinnen, zeichne man zunächst die Kreisfunktionen

$$\xi = \sin \varphi \quad \text{und} \quad \xi = \operatorname{tg} \varphi \quad \ldots \ldots \quad (10)$$

in Fig. 18 und 19 auf Grund der bekannten Tabellen auf, deren Umkehrung

$$\varphi = \arcsin \xi, \quad \varphi = \operatorname{arctg} \xi \quad \ldots \ldots \quad (10\,a)$$

damit unmittelbar gegeben ist, wenn wir die Ordinaten als unabhängige Veränderliche ansehen. Während nun jedem Bogen φ ein bestimmter Wert der Kreisfunktionen (10) zugeordnet ist, liefert die Konstruktion einer Parallelen zur φ-Achse eine unendliche Zahl von Schnitten $S_1 S_2 \ldots$ mit den Kurven, so daß die Funktionen arcsin und arctg **unendlich vieldeutig** sind. Weiterhin erkennt man, daß reelle Werte von arcsin ξ nur innerhalb des Intervalles $-1 < \xi < +1$ möglich sind, während für arctg ξ solche Grenzen nicht bestehen.

4. Beispiel. Rollt ein Kreis vom Radius a auf einer Geraden ab, ohne zu gleiten, so beschreibt jeder Punkt P seines Umfangs eine sog. **Rollkurve** oder **gemeine Zykloide** (Fig. 20), deren Gleichung wir ermitteln wollen.

Wählen wir als Anfang O den Punkt der Geraden, mit dem P vorher in Berührung war, so ist der Bogen $PA = a\varphi$ mit dem Stück $OA = OC + CA = x + a \sin \varphi$ auf der Ge-

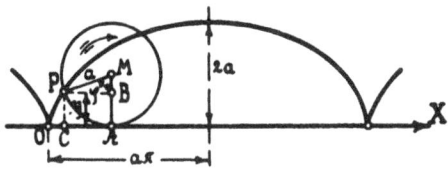

Fig. 20.

raden identisch, während $PC = BA = y$ die Ordinate darstellt. Somit erhalten wir für die Koordinaten eines Rollkurvenpunktes

$$\left. \begin{array}{l} y = a\,(1 - \cos \varphi) \\ x = a\,(\varphi - \sin \varphi) \end{array} \right\} \quad \ldots \ldots \ldots \text{(11)},$$

woraus sich die gesuchte Gleichung durch Elimination des Drehwinkels φ ergibt. Da nach der ersten Formel (11)

$$\cos \varphi = 1 - \frac{y}{a}$$

ist, so ist zunächst

$$\varphi = \arccos \left(1 - \frac{y}{a}\right) = \frac{\pi}{2} - \arcsin \left(1 - \frac{y}{a}\right)$$

und

$$\sin \varphi = \sqrt{1 - \cos^2 \varphi} = \sqrt{\frac{y}{a}\left(2 - \frac{y}{a}\right)}.$$

Dies liefert in die zweite Formel (11) eingesetzt die gesuchte Gleichung

$$x = a\left(\arccos \left[1 - \frac{y}{a}\right] - \sqrt{\frac{y}{a}\left[2 - \frac{y}{a}\right]}\right) \quad \ldots \text{(12)},$$

welche ersichtlich weniger bequem zu behandeln ist als die beiden Ausgangsformeln (11), mit denen man sich darum auch meistens begnügt. Die Rollkurve selbst, deren punktweise Konstruktion nach Einteilung des Rollkreisumfangs in gleiche Teile und Abtragen derselben auf der Geraden keine Schwierigkeiten bereitet, steigt, wie aus Fig. 20 erkennbar, von O aus steil an, erreicht nach Durchlaufen des Bogens $\varphi = \pi$ ihren höchsten Punkt mit der Ordinate $2a$ und fällt

dann wieder zur Geraden ab, worauf sich dieses Spiel beliebig oft
wiederholt.

Etwas andere Kurven erhält man für Punkte innerhalb oder
außerhalb des Rollkreises; ihre Konstruktion sowie die Aufstellung
ihrer Gleichung nach vorstehendem Muster kann dem Leser als nütz-
liche Übung empfohlen werden.

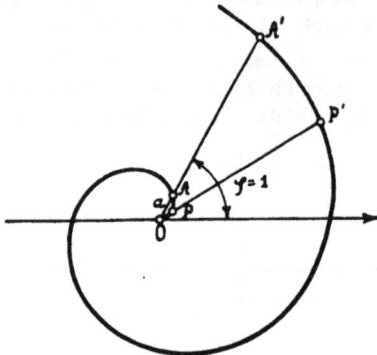

5. Beispiel. Kurven, deren
Fahrstrahl r mit dem Bogen φ
stetig zunimmt, heißen Spira-
len, ihre einfachste Form (Fig. 21)
mit Polargleichung

$$r = a\varphi \quad . \quad . \quad (13)$$

ist die archimedische Spirale. Sie beginnt im Koordinatenanfang O, erreicht im
Punkte A für $\varphi = 1$ (d. h. bei
57,3°) den Radius a, nach einer
vollen Umdrehung den Ra-
dius $2\pi a$ usf. Diese Länge stellt
zugleich nach Gl. (13) die Diffe-
renz $AA' = PP'$ zweier aufeinander folgenden Radien auf einem und
demselben Fahrstrahl dar, deren zugehörige Bogen sich um 2π unterscheiden.

Fig. 21.

Um die Gleichung dieser Spirale in rechtwinkligen Koordinaten
anzugeben, braucht man nur auf die Formeln (3) bis (6) zurückzu-
greifen, nach denen

$$\varphi = \operatorname{arctg} \frac{y}{x}, \quad r = \sqrt{x^2 + y^2}$$

ist, womit aus (13)

$$\operatorname{arctg} \frac{y}{x} = \frac{\sqrt{x^2 + y^2}}{a} \quad . \quad . \quad . \quad . \quad . \quad . \quad (14),$$

oder

$$\frac{y}{x} = \operatorname{tg} \frac{\sqrt{x^2 + y^2}}{a} \quad . \quad . \quad . \quad . \quad . \quad (14\,a)$$

wird. Diese Gleichung ist offenbar weniger übersichtlich und bequem
als die Polargleichung (13).

§ 5. Die Kegelschnitte.

Legen wir von einem Punkte O an einen Kreis mit dem
Zentrum M zwei Tangenten und lassen die Figur um die Verbindungslinie OM rotieren, so entsteht ein Kegel mit einer eingeschriebenen Kugel, die sich in einem Kreise berühren (Fig. 22).

Daraus erkennt man sofort, daß alle Tangenten an die Kugel von einem Punkte aus dieselbe Länge besitzen. Schneiden wir nun den Kegel durch eine Ebene, welche die Kugel im Punkte F berührt, so wird diese Ebene diejenige des Berührungskreises in einer Geraden AB, den Kegel-
mantel dagegen in einer Kurve schneiden, die wir als einen **Kegelschnitt** bezeichnen wollen. Eine Normalebene zu der des Kegelschnitts durch OM wird daher das ganze Gebilde in zwei symmetrische Hälften teilen und daher auch senkrecht so-wohl auf der Berührungskreis-ebene, als auch der Geraden AB stehen, so daß ihre Schnitt-gerade AC mit der Ebene des Kegelschnitts deren Berührungs-punkt F mit der Kugel ent-hält. Anderseits schneidet diese Ebene diejenige des Berührungs-kreises in einer Geraden AD. Ziehen wir von O aus eine Pa-rallele zu AC, welche die Ge-

Fig. 22.

rade AD im Punkte E trifft und verbinden O mit einem Punkte P des Kegelschnitts, so schneidet die Gerade OP auf dem Kegel-mantel den Berührungskreis in G und bestimmt mit OE eine Ebene, die ihrerseits die Kegelschnittsebene in der Geraden PB $\parallel OE \parallel AC$ schneidet. Wegen der Ähnlichkeit der beiden Dreiecke

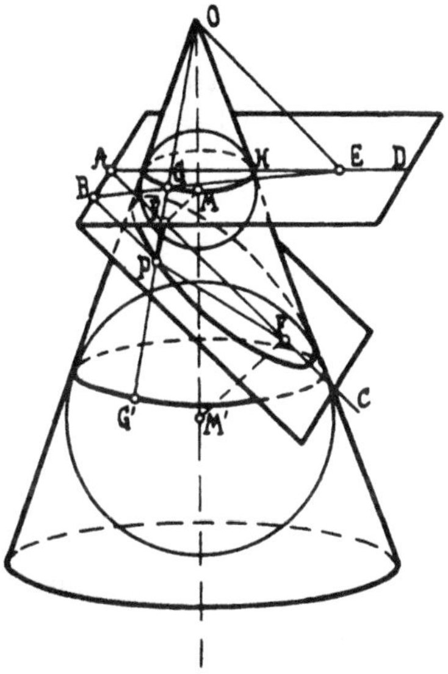

$$GPB \backsim GEO$$

ist also

$$\frac{GP}{PB} = \frac{GO}{OE},$$

und, da wegen der Gleichheit der Kugeltangenten $GP = PF$ und $GO = OH$ ist, auch

$$\frac{PF}{PB} = \frac{OH}{OE}.$$

Das rechts stehende Verhältnis ist aber wegen der Gleich-heit aller Kugeltangenten von O aus sowie wegen der Konstanz von OE unabhängig von der Lage von P, so daß wir den Satz erhalten, daß alle Punkte eines Kegelschnitts von einem festen Punkte F, dem sog. Brennpunkt, und einer Geraden, der Direktrix, ein konstantes Abstandsverhältnis besitzen.

Bezeichnen wir nun für die analytische Untersuchung des Kegelschnitts dieses Abstandsverhältnis mit ε, den Abstand der Direktrix vom Brennpunkte F mit c und wählen den letzteren als Anfang eines Polarkoordinatensystems, dessen feste Achse mit der Normalen zur Direktrix durch F zusammenfällt, so zwar daß $PF = r$ und $\sphericalangle PFX = \varphi$ ist, so folgt mit $PF : PB = \varepsilon$ aus Fig. 23

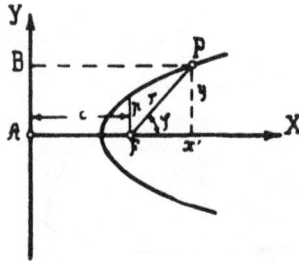

Fig. 23.

$$r = \varepsilon(c + r \cos \varphi)$$

oder

$$r(1 - \varepsilon \cos \varphi) = \varepsilon c.$$

Hierin wird aber für $\varphi = \frac{\pi}{2}$ die Strecke $\varepsilon c = p$, der sog. Parameter des Kegelschnitts identisch mit der Ordinate im Brennpunkt, so daß wir auch

$$r(1 - \varepsilon \cos \varphi) = p \qquad (1)$$

als Polargleichung eines Kegelschnitts für den Brennpunkt erhalten, in welcher der Fahrstrahl r unabhängig ist vom Vorzeichen von φ, so daß der Kegelschnitt zur Achse AFX symmetrisch liegt. Schreiben wir diese Gleichung in der Form[1])

$$r = \frac{p}{1 - \varepsilon \cos \varphi} \qquad \cdots \cdots \quad (1\,\mathrm{a}),$$

so erkennen wir, daß der Fahrstrahl $r = \infty$ wird für $\cos \varphi = \frac{1}{\varepsilon}$, eine Bedingungsgleichung, die nur erfüllbar ist, wenn $\varepsilon > 1$. Alsdann aber genügen dieser Bedingung stets zwei entgegen-

---

[1]) Setzt man, wie es häufig geschieht, $\sphericalangle AFP = \varphi' = 180° - \varphi$, so wird aus (1 a) mit $\cos \varphi = -\cos \varphi'$

$$r = \frac{p}{1 + \varepsilon \cos \varphi'}$$

eine ebenfalls vielfach gebrauchte Form der Kegelschnittsgleichung.

gesetzt gleiche Winkel $\pm \varphi$ mit Fahrstrahlen nach zwei unendlich fernen Punkten. Für $\varepsilon = 1$ fallen diese beiden unendlich fernen Punkte auf der X-Achse zusammen, während im Falle $\varepsilon < 1$ jedem Werte von φ ein endlicher Fahrstrahl zugehört, so daß hierfür der Kegelschnitt eine geschlossene Kurve darstellt, welche für $\varepsilon = 0$ in den Kreis $r = p$ übergeht. Wir haben es also mit drei zur Achse AFX symmetrischen Formen von Kegelschnitten zu tun, die wir als Hyperbel ($\varepsilon > 1$), Parabel ($\varepsilon = 1$) und Ellipse ($\varepsilon < 1$) bezeichnen wollen. Wie aus der Proportion $OH : OE = \varepsilon$ in Fig. 22 hervorgeht, schließt im Falle der Hyperbel die Schnittebene mit der Kegelachse einen kleineren Winkel ein als jede Mantelgerade und wird daher auch noch den über O hinaus verlängerten Gegenkegel schneiden, woraus zwei sich ins Unendliche erstreckende Kurvenzweige resultieren. Im Falle der Parabel ist die Schnittebene parallel der Mantelgeraden, so daß diese Kurve auch als Übergang von der Hyperbel zur geschlossenen Ellipse, bei der die Schnittebene den Gegenkegel nicht mehr trifft, angesehen werden darf, während der Kreis als Normalschnitt zur Kegelachse und damit als Sonderfall der Ellipse erscheint.

Um die Gleichung des Kegelschnitts in rechtwinkligen Koordinaten $x' y$ mit demselben Anfang F aufzustellen, setzen wir in (1)

$$r = \sqrt{x'^2 + y^2}, \quad r \cos \varphi = x' \quad \ldots \ldots \quad (2)$$

und erhalten

$$\sqrt{x'^2 + y^2} = p + \varepsilon x'$$

oder quadriert und aufgelöst nach y

$$y^2 = (\varepsilon^2 - 1)\, x'^2 + 2\, p\, \varepsilon\, x' + p^2 \ldots \ldots \quad (3).$$

Dies ist schon die gesuchte Kegelschnittsgleichung in bezug auf den Brennpunkt, die indessen wenig übersichtlich erscheint, obwohl sie für $\varepsilon = 0$, d. h. für den Kreis in die Mittelpunktsgleichung

$$x'^2 + y^2 = p^2 = r^2 \ldots \ldots \ldots \quad (3\,\text{a})$$

übergeht. Das heißt natürlich nichts anderes, als daß für den Kreis der Brennpunkt mit dem Zentrum und der Parameter mit dem Radius zusammenfällt.

Zu bequemeren Formen der Kegelschnittsgleichung gelangen wir durch Verschiebung des Koordinatenanfangs auf der Symmetrieachse um x_0, so zwar daß die neue Abszisse

$$x = x' - x_0 \quad \ldots \ldots \quad (4)$$

wird. Dies liefert eingesetzt in Gl. (3)

$$y^2 = (\varepsilon^2 - 1)\, x^2 + 2\, [\varepsilon p + (\varepsilon^2 - 1)\, x_0]\, x + p^2$$
$$+ (\varepsilon^2 - 1)\, x_0{}^2 + 2\, \varepsilon p\, x_0 \quad \ldots \quad (3\,\mathrm{b}).$$

Verlangen wir nun, daß die Gleichung analog der des Kreises (3a) rein quadratisch in beiden Veränderlichen wird, so muß das in x lineare Glied verschwinden, wodurch sich die noch unbestimmt gelassene Verschiebung x_0 des Koordinatenanfangs aus

$$\varepsilon p + (\varepsilon^2 - 1)\, x_0 = 0$$

zu

$$x_0 = \frac{\varepsilon p}{1 - \varepsilon^2} \quad \ldots \ldots \quad (4\,\mathrm{a})$$

berechnet. Setzen wir diesen Wert in (3b) ein, so erhalten wir

$$y^2 = (\varepsilon^2 - 1)\, x^2 + \frac{p^2}{1 - \varepsilon^2}$$

oder nach Vereinigung der veränderlichen Glieder auf einer Seite und Division mit $\dfrac{p^2}{1 - \varepsilon^2}$

$$\frac{x^2}{p^2}\, (1 - \varepsilon^2)^2 + \frac{y^2}{p^2}\, (1 - \varepsilon^2) = 1 \quad \ldots \ldots \quad (5).$$

Im Falle der Ellipse, d. h. für $\varepsilon < 1$ wollen wir zwei neue Längen a und b durch

$$\frac{p^2}{(1 - \varepsilon^2)^2} = a^2, \quad \frac{p^2}{1 - \varepsilon^2} = b^2, \quad p = \frac{b^2}{a} \quad \ldots \quad (6)$$

einführen, womit die Ellipsengleichung die einfache Form

$$\frac{x^2}{a^2} + \frac{y^2}{b^2} = 1 \quad \ldots \ldots \quad (7)$$

annimmt.

Lösen wir sie nach einer der beiden Veränderlichen auf, so wird

$$\frac{y}{b} = \pm\, \sqrt{1 - \frac{x^2}{a^2}} \quad \text{und} \quad \frac{x}{a} = \pm\, \sqrt{1 - \frac{y^2}{b^2}} \quad . \quad (7\,\mathrm{a}).$$

Wir erhalten also für jedes Wertpaar $\pm\, x$ zwei entgegengesetzt gleiche Werte von y und umgekehrt, allerdings mit den Einschränkungen

$$x^2 < a^2, \quad y^2 < b^2 \quad \ldots \ldots \quad (7\,\mathrm{b})$$

für reelle Lösungen von (7 a), womit die Ellipse Fig. 24 in den Raum eines Rechtecks von den Seitenlängen $2\,a$ und $2\,b$ mit dem Anfang O als Mittelpunkt eingeschlossen ist. Infolge der aus (7 a) hervorgehenden doppelten Symmetrie der Ellipse zum rechtwinkligen Achsenkreuz darf der Anfang auch als Mittelpunkt der Ellipse, die Formel (7) als deren M i t t e l p u n k t s g l e i - c h u n g angesprochen werden.

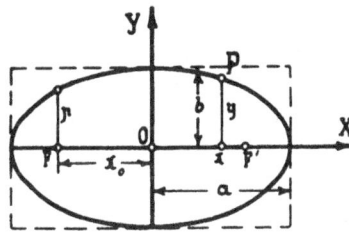

Fig. 24.

Die durch (4 a) bestimmte Verschiebung $x_0 = OF$, für die wir nach (6) bzw. nach Elimination von

$$\varepsilon^2 = \frac{a^2 - b^2}{a^2} \quad \ldots \ldots \ldots \quad (6\,\mathrm{a})$$

auch

$$x_0 = \varepsilon a = \pm \sqrt{a^2 - b^2} < a \quad \ldots \ldots \quad (6\,\mathrm{b})$$

schreiben dürfen, stellt somit den B r e n n p u n k t s a b s t a n d v o n d e r M i t t e dar, der nur so lange reell ist, als $a^2 > b^2$. Daher bezeichnet man auch a als die g r o ß e, b als die k l e i n e Halb - a c h s e der Ellipse, während x_0 die l i n e a r e E x z e n t r i z i t ä t und ihr Verhältnis $x_0 : a = \varepsilon$ die n u m e r i s c h e E x z e n t r i - z i t ä t genannt wird. Da ferner sich für x_0 aus (6 b) zwei entgegengesetzt gleiche Werte ergeben, so muß die Ellipse auch z w e i B r e n n p u n k t e besitzen, was schon aus ihrer Symmetrie um die Ordinatenachse folgt. Der zweite Brennpunkt F' ist übrigens, wie leicht bewiesen werden kann, mit dem Berührungs- punkte der Kegelschnittsebene mit einer zweiten, dem Kegel Fig. 22 eingeschriebenen Kugel um M' identisch.

Würden wir für die H y p e r b e l, also für $\varepsilon > 1$, die Sub- stitution (6) benutzen, so erhielten wir für die Größe b einen imaginären Wert, den wir dadurch vermeiden, daß wir jetzt

$$\frac{p^2}{(1 - \varepsilon^2)^2} = \frac{p^2}{(\varepsilon^2 - 1)^2} = a^2, \quad \frac{p^2}{\varepsilon^2 - 1} = b^2 \quad \ldots \quad (8)$$

in Gl. (5) anführen, wodurch wir als H y p e r b e l g l e i c h u n g

$$\frac{x^2}{a^2} - \frac{y^2}{b^2} = 1 \quad \ldots \ldots \ldots \quad (9)$$

erhalten. Daraus folgt analog (7 a)

$$\frac{y}{b} = \pm \sqrt{\frac{x^2}{a^2} - 1}, \quad \frac{x}{a} = \pm \sqrt{1 + \frac{y^2}{b^2}} \cdot \cdot \quad (9\,\text{a}),$$

d. h. wieder eine zum Achsenkreuz doppelt symmetrische Kurve, so daß auch (9) als **Mittelpunktsgleichung der Hyperbel** bezeichnet werden darf. Der Verlauf dieser Kurve ist zunächst durch die Bedingung reeller Werte von y bestimmt, der nach der ersten Formel (9 a) auf

$$x^2 > a^2 \cdot \cdot \cdot \cdot \cdot \cdot \cdot \quad (9\,\text{b})$$

führt, so daß innerhalb eines Abstandes $\pm\,a$ zu beiden Seiten des Mittelpunktes keine reellen Kurvenpunkte existieren. Die beiden Punkte $x = \pm\,a$ heißen die **Scheitel der Hyperbel.** Aus (9 a) folgt weiterhin

$$\frac{y}{x} = \pm \frac{b}{x} \sqrt{\frac{x^2}{a^2} - 1} = \pm \sqrt{\frac{b^2}{a^2} - \frac{b^2}{x^2}} \cdot \cdot \quad (9\,\text{c}),$$

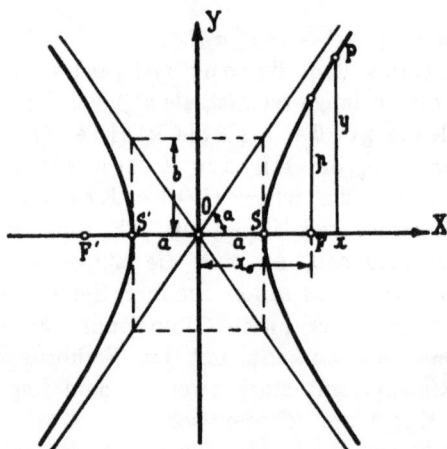

Fig. 25.

womit zugleich der Tangens des Neigungswinkels einer Geraden durch O nach einem Hyperbelpunkte mit der Abszisse x bestimmt ist. Rückt dieser Punkt ins Unendliche, so wird für diesen Winkel α (Fig. 25)

$$\operatorname{tg} \alpha = \frac{y}{x} = \pm \frac{b}{a} \quad (9\,\text{d}).$$

Dies sind aber die Gleichungen zweier Geraden durch den Anfang, welche die beiden Hyperbeläste einschließen und als **Asymptoten** bezeichnet werden. Sie bilden zugleich die Diagonalen eines Rechteckes aus den beiden sog. Hyperbelachsen $2\,a$ und $2\,b$, welches von den Hyperbelästen in den Scheiteln S und S' berührt wird. Eliminieren wir aus (8) die Brennpunktsordinate p, so folgt analog (6 a)

$$\varepsilon^2 = \frac{a^2 + b^2}{a^2} \cdot \cdot \cdot \cdot \cdot \cdot \quad (8\,\text{a}),$$

und damit wird der Brennpunktsabstand (4a)

$$x_0 = \varepsilon\, a = \pm \sqrt{a^2 + b^2} > a \quad . \quad . \quad (8\,\text{b}).$$

Für die Hyperbel ist also im Gegensatze zur Ellipse keine der beiden Halbachsen der Größe nach von vornherein bevorzugt, so daß man die eine a als die Hauptachse, b dagegen als die Nebenachse bezeichnet. Schließlich sei noch bemerkt, daß wir auch hier zwei Brennpunkte erhalten, von denen der zweite F' den Berührungspunkt der Kegelschnittsebene mit einer zweiten Kugel im Gegenkegel in Fig. 22 bildet.

Für die Parabel werden mit $\varepsilon = 1$ sowohl die beiden Halbachsen a und b als auch der Abstand x_0 des Mittelpunktes vom Brennpunkt unendlich und daher die Mittelpunktsgleichung (5) überhaupt unbrauchbar. Diese Schwierigkeit entfällt aber, wenn wir den Koordinatenanfang O in einen Scheitel des Kegelschnitts verlegen, in dem alsdann gleichzeitig $x = 0$, $y = 0$ wird. Dies ist aber nur [möglich, wenn die entsprechende Kegelschnittsgleichung kein konstantes Glied mehr enthält, d. h. wenn in (3b)

$$p^2 + (\varepsilon^2 - 1)\, x_0^2 + 2\,\varepsilon\, p\, x_0 = 0,$$

woraus sich der Scheitelabstand x_0 vom Brennpunkt F zu

$$x_0 = p \cdot \frac{\varepsilon + 1}{\varepsilon^2 - 1}$$

mit den beiden Werten

$$x_0' = -\frac{p}{1 + \varepsilon}, \quad x_0'' = \frac{p}{1 - \varepsilon} \quad . \quad . \quad (4\,\text{b})$$

ergibt. Jeder Kegelschnitt hat also im allgemeinen zwei Scheitel, die für den Fall der Hyperbel ($\varepsilon > 1$) auf einer und derselben Seite, bei der Ellipse ($\varepsilon < 1$) auf verschiedenen Seiten desjenigen Brennpunktes liegen, auf den sich die Polargleichung (1) bezieht, während bei der Parabel ($\varepsilon = 1$) der eine dieser Scheitel ins Unendliche rückt.

Verlegen wir nun den Koordinatenanfang in den dem Brennpunkt F zunächst liegenden Scheitel S, so müssen wir in (4b) den ersten Wert x_0' benutzen, der in die Formel (3b) eingesetzt die allgemeine Scheitelgleichung der Kegelschnitte

$$y^2 = 2\,p\,x + (\varepsilon^2 - 1)\,x^2 \quad . \quad . \quad . \quad . \quad (10)$$

ergibt, welche mit $\varepsilon = 0$ sowie $p = a$ wieder in die Scheitelgleichung

des Kreises (4) des § 3 übergeht und sich für die **Parabel**
mit $\varepsilon = 1$ in

$$y^2 = 2\,p\,x \quad . \quad . \quad . \quad . \quad . \quad . \quad (11)$$

vereinfacht. Da hiernach $y = \pm \sqrt{2\,p\,x}$, so existieren für jede
Abszisse zwei Kurvenpunkte mit entgegengesetzt gleichen Werten
der Ordinate, d. h. die Parabel
liegt symmetrisch zur Ab-
szissenachse OX (Fig. 26). Weiter folgt aus $\varepsilon = 1$, daß der
Scheitel den Brennpunkts-
abstand AF von der Direktrix halbiert, und daß dieser
Abstand selbst mit dem
Parameter p übereinstimmt.

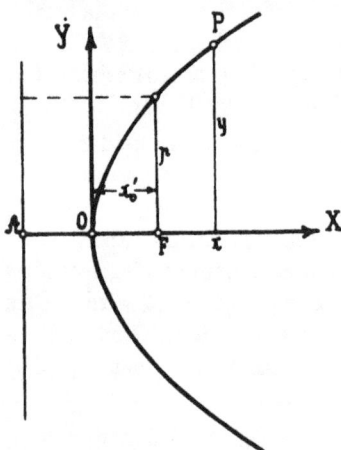

Vergleichen wir schließlich die
verschiedenen Formen der Kegel-
schnittsgleichungen in rechtwinkligen Koordinaten untereinander,
nachdem wir alle mit den Veränderlichen x und y behafteten
Glieder auf eine Seite gebracht

Fig. 26.

haben, so zeigt sich zunächst, daß alle diese Gleichungen
quadratischer Natur sind, weiter daß für die Ellipse
die beiden in x und y rein quadratischen Glieder stets
dasselbe Vorzeichen und für den Kreis auch überein-
stimmende Faktoren besitzen, während bei der Hyperbel diese rein quadratischen Glieder entgegengesetzte Vorzeichen haben. Die Parabelgleichung
endlich enthält nur das Quadrat einer der beiden Veränderlichen, die andere dagegen allein in der ersten
Potenz.

Infolge der doppelten Symmetrie der Ellipse und Hyperbel
in bezug auf ein rechtwinkliges Achsenkreuz mit dem Zentrum
als Anfang (Fig. 27 und 28) besitzen diese Kurven nicht nur
zwei Brennpunkte F_1 und F_2, sondern auch zwei Direktrices,
welche die Hauptachse in den Punkten A_1 und A_2 normal
schneiden. Bezeichnen wir nun die Abstände PF_1 und PF_2
eines Kurvenpunktes P von den Brennpunkten, die sog Brenn-

strahlen, mit r_1 und r_2 sowie diejenigen PB_1 und PB_2 von den gleichgelegenen Direktrices mit x_1 und x_2, so gilt für beide Kurven

$$r_1 = \varepsilon\, x_1, \quad r_2 = \varepsilon\, x_2 \quad \ldots \ldots \quad (12).$$

Ist weiter $A_1 F_1 = A_2 F_2 = c$ der Brennpunktsabstand von der zugehörigen Direktrix und $OF_1 = OF_2$ $= x_0$ die lineare Exzen-
trizität, so folgt für die Ellipse durch Addition von (12)

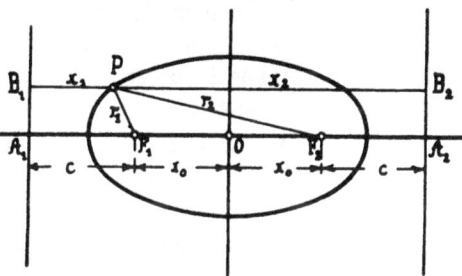

Fig. 27.

$$r_1 + r_2 = \varepsilon\,(x_1 + x_2)$$
$$= 2\,\varepsilon\,(c + x_0)$$

oder unter Einführung des Parameters $p = \varepsilon c$ sowie mit Rücksicht auf Gl. (4a) und (6)

$$r_1 + r_2 = 2\,p\left(1 + \frac{\varepsilon^2}{1 - \varepsilon^2}\right)$$
$$= \frac{2\,p}{1 - \varepsilon^2} = 2\,a \quad (12a).$$

Für die **Hyperbel** dagegen ergibt sich durch Subtraktion der beiden Formeln (12)

$$r_2 - r_1 = \varepsilon\,(x_2 - x_1)$$
$$= 2\,\varepsilon\,(x_0 - c).$$

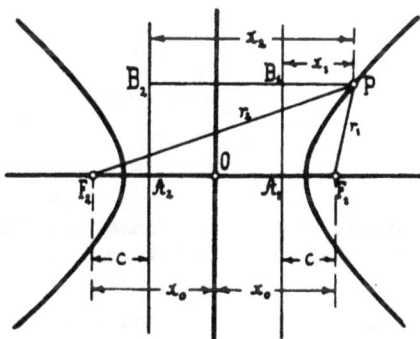

Fig. 28.

Hierin ist, wenn x_0 eine positive Länge bedeuten soll, an Stelle von (4a) wegen $\varepsilon > 1$

$$x_0 = \frac{\varepsilon\, p}{\varepsilon^2 - 1}$$

zu setzen, so daß mit (8)

$$r_2 - r_1 = 2\,p\left(\frac{\varepsilon^2}{\varepsilon^2 - 1} - 1\right) = \frac{2\,p}{\varepsilon^2 - 1} = 2\,a \quad . \quad (12b)$$

wird. Wir erhalten also den Satz, daß bei der Ellipse die Summe der beiden Brennstrahlen, bei der Hyperbel deren Differenz konstant, und zwar gleich der ganzen Hauptachse, ist.

Dieser Satz, der eine bequeme punktweise Konstruktion beider Kegelschnitte erlaubt, wenn der Brennpunktsabstand $2\,x_0$ und die Hauptachse $2\,a$ vorgelegt ist, läßt sich auch leicht rein geometrisch aus Fig. 22 ableiten, da für die Ellipse die Summe der Brennstrahlen $PF + PF' = PG + PG' = GG'$, d. h. dem konstanten Abstand der beiden Kugelberührungskreise auf dem Kegelmantel ist, während bei der Hyperbel unter Hinzunahme der Kugel im Gegenkegel dieser Abstand mit der Differenz der Brennstrahlen übereinstimmt.

1. **Beispiel.** Da in der Mittelpunktsgleichung der Ellipse

$$\frac{x^2}{a^2} + \frac{y^2}{b^2} = 1$$

sowohl $x^2 < a^2$, als auch $y^2 < b^2$ sein muß, so kann man auch wegen

$$\cos^2 \varphi + \sin^2 \varphi = 1$$

Fig. 29.

$$x = a \cos \varphi, \quad y = b \sin \varphi \quad (13)$$

setzen, unter φ den Winkel eines Fahrstrahls vom Zentrum O aus verstanden (Fig. 29), der den Kreis über $2\,a$ im Punkte A, den über $2\,b$ in B schneidet. Alsdann ist die Projektion von OA auf die X-Achse $OC = x$, während $BD = PC = y$ wird, so daß man nur durch B eine Parallele, durch A eine Normale zur X-Achse zu ziehen hat, um mit deren Schnitt P einen Ellipsenpunkt zu erhalten.

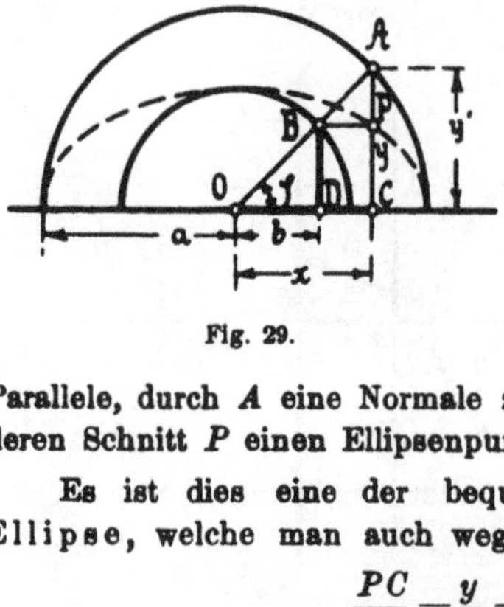

Es ist dies eine der bequemsten Konstruktionen der Ellipse, welche man auch wegen

$$\frac{PC}{AC} = \frac{y}{y'} = \frac{b}{a} = \cos \beta$$

durch Verkürzung aller Ordinaten y' eines Kreises vom Radius a im Verhältnis $b:a$, d. h. durch Parallelprojektion denselben

Fig. 30.

auf eine um den Winkel β dagegen geneigte Ebene, entstanden denken kann (vgl. Fig. 30). Diese Tatsache gestattet übrigens die bequeme Übertragung einer Reihe von Sätzen über den Kreis, seine Tangenten und Sehnen auf die Ellipse, deren analytische Beweise viel umständlicher ausfallen.

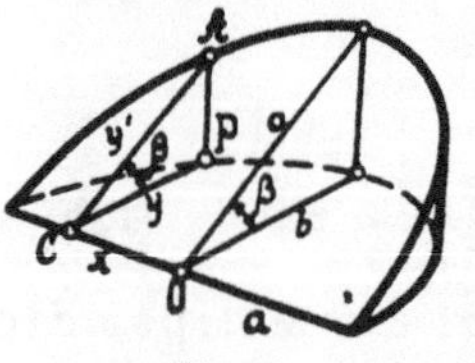

2. **Beispiel.** Schreibt man die Mittelpunktsgleichung der Hyperbel in der Form

$$\frac{x^2}{a^2} = 1 + \frac{y^2}{b^2},$$

so erkennt man, daß, während $y^2 : b^2$ alle positiven Werte durchlaufen kann, jedenfalls $a^2 < x^2$ sein muß, so daß wir mit der bekannten Formel

$$\frac{1}{\cos^2 \varphi} = 1 + \operatorname{tg}^2 \varphi$$

analog (13) in Fig. 31

$$\frac{a}{x} = \cos \varphi, \quad \frac{y}{b} = \operatorname{tg} \varphi \quad \ldots \ldots \ldots \quad (14)$$

setzen dürfen. Hierin bedeutet wieder φ den Winkel eines Fahrstrahls mit der X-Achse, der die beiden in den Abständen a und b von O errichteten Lote in A bzw. B schneidet, so daß

$$OA = \frac{a}{\cos \varphi} = x \qquad BD = b \operatorname{tg} \varphi = y$$

ist. Schlagen wir dann mit OA um O einen Kreisbogen, so daß $OA = OC = x$ und errichten in C ein Lot auf der X-Achse, so wird dieses von einer Parallelen durch B in P ge-
troffen, so daß $PC = BD$
$= y$ wird. Mithin stellt P
einen Punkt der Hy-
perbel dar, deren weiterer
Verlauf in Fig. 31 ebenso
punktiert angedeutet ist wie
die Konstruktion des an-
deren Astes durch rückwärtige Verlängerung von OA.

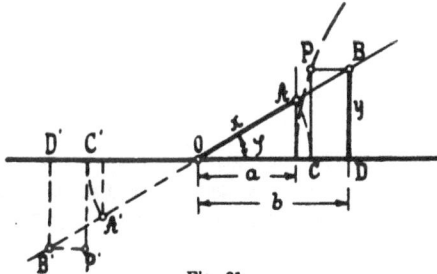
Fig. 31.

3. Beispiel. In der Parabelgleichung

$$y^2 = 2px$$

kann man die Ordinate auch als eine Kreisordinate ansehen, welche den dazu normalen Kreisdurchmesser $2p + x$ im Punkte O in die beiden Teile $2p$ und x zerschneidet (Fig. 32). Legt man diesen Kreis-durchmesser in die Abszissenachse OX, so stellt O den Parabelscheitel dar, während die Kreisordinate in diesem Punkte OB wegen $OS = x$ mit derjenigen $SP = y$ der Parabel übereinstimmt. Hieraus folgt ersichtlich eine sehr einfache punktweise Konstruktion der Parabel.

4. Beispiel. Verschieben wir den Anfang des Koordinaten-systems, ohne die Achsenrichtung zu ändern, nach einem Punkte Ω mit den Koordinaten $x_0 \, y_0$ und bezeichnen die Koordinaten eines be-liebigen Punktes P in bezug auf die neuen Achsen (Fig. 33) mit ξ und η,

3*

so besteht zwischen diesen und den ursprünglichen Koordinaten $x\,y$ die einfache Beziehung

$$x = \xi + x_0, \quad y = \eta + y_0 \quad \ldots \ldots \text{(15)}.$$

Nach deren Einführung in die **Scheitelgleichung** (10) **der Kegelschnitte** erhalten wir

$$(\eta + y_0)^2 = 2\,p\,(\xi + x_0) + (\varepsilon^2 - 1)\,(\xi + x_0)^2$$

oder nach Auflösung der Klammern

$$\eta^2 + (1 - \varepsilon^2)\,\xi^2 + 2\,\eta\,y_0 + 2\,\xi\,[(1 - \varepsilon^2)\,x_0 - p]$$
$$+ \, y_0^2 + (1 - \varepsilon^2)\,x_0^2 - 2\,p\,x_0 = 0 \quad \ldots \ldots \ldots \text{(15a)},$$

also wieder eine quadratische Gleichung, die zwar allgemein in keiner der beiden neuen Veränderlichen $\xi\,y$ mehr rein quadratisch ist, in der

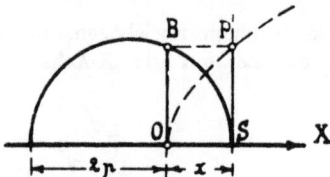

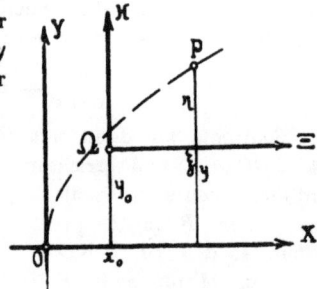

Fig. 32.   Fig. 33.

aber doch für den Fall der Ellipse ($\varepsilon < 1$), wie in deren Mittelpunktsgleichung beide Quadrate ξ^2 und η^2 dasselbe Vorzeichen besitzen, während dieses für die Hyperbel ($\varepsilon > 1$) verschieden ausfällt. Da außerdem für die Parabel ($\varepsilon = 1$) das mit ξ^2 behaftete Glied wie in deren Scheitelgleichung verschwindet, so erkennen wir, **daß durch Parallelverschiebung des Koordinatensystems nicht nur der Grad der Kegelschnittsgleichung sondern auch die wesentlichen Unterscheidungsmerkmale (sog. Kriterien) für die einzelnen Kegelschnitte keine Änderungen erleiden.** Daß man durch die Parallelverschiebung (15a) im Gegensatz zu der Scheitelgleichung ein konstantes Glied erhält, drückt — ohne die Kegelschnittsform zu berühren — nur aus, daß die Kurve im allgemeinen nicht durch den neuen Koordinatenanfang hindurchgeht.

5. Beispiel. Verdrehen wir dagegen das neue Koordinatensystem um den Winkel β gegen das ursprüngliche, ohne den Anfang O zu verschieben, so lassen sich nach Fig. 34 die ursprünglichen Koordinaten $x\,y$ durch Projektion mit Hilfe der punktierten Linien in den neuen derart ausdrücken, daß

$$x = \xi \cos \beta - \eta \sin \beta \,\}$$
$$y = \xi \sin \beta + \eta \cos \beta \,\} \quad \ldots \ldots \ldots \quad (16),$$

woraus durch Quadrieren und Addieren sofort

$$x^2 + y^2 = \xi^2 + \eta^2 \quad \ldots \ldots \ldots \quad (16\,\text{a})$$

hervorgeht, womit nur die Gleichheit der Entfernung OP in beiden Achsenkreuzen ausgedrückt ist.

Wenden wir die Umformung (16) auf die Mittelpunktsgleichungen (7) und (9) der Ellipse und Hyperbel an, so geht die erstere über in

$$\xi^2 \left(\frac{\cos^2 \beta}{a^2} + \frac{\sin^2 \beta}{b^2}\right) + \eta^2 \left(\frac{\sin^2 \beta}{a^2} + \frac{\cos^2 \beta}{b^2}\right)$$
$$+ 2\,\xi\,\eta \sin \beta \cos \beta \left(\frac{1}{b^2} - \frac{1}{a^2}\right) = 1 \quad (17),$$

die letztere aber in

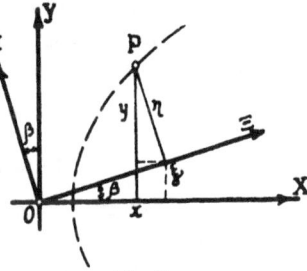

Fig. 34.

$$\xi^2 \left(\frac{\cos^2 \beta}{a^2} - \frac{\sin^2 \beta}{b^2}\right) + \eta^2 \left(\frac{\sin^2 \beta}{a^2} - \frac{\cos^2 \beta}{b^2}\right)$$
$$- 2\,\xi\,\eta \sin \beta \cos \beta \left(\frac{1}{b^2} + \frac{1}{a^2}\right) = 1 \quad \ldots \ldots \quad (18).$$

Infolge der Drehung des Achsenkreuzes tritt also je ein Glied auf mit dem Produkte der beiden Veränderlichen, welches die doppeltsymmetrischen Mittelpunktsgleichungen beider Kurven nicht enthielten.

Im Sonderfalle des Kreises ist in Gl. (17) $b = a$ zu setzen, womit diese Formel unter Beachtung von $\cos^2 \beta + \sin^2 \beta = 1$ sich vereinfacht in

$$\xi^2 + \eta^2 = a^2 \quad . \quad (17\,\text{a}),$$

d. h. die Mittelpunktsgleichung des Kreises wird durch Drehung des Achsenkreuzes nicht berührt. Dem Kreise analog ist der Fall der sog. gleichseitigen Hyperbel, in der ebenfalls $a = b$ ist, so daß ihre Mittelpunktsgleichung

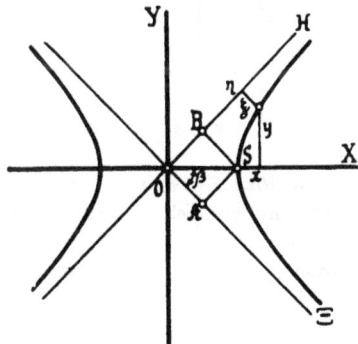

Fig. 35.

$$x^2 - y^2 = a^2 \quad \ldots \ldots \ldots \quad (18\,\text{a})$$

lautet. Damit aber geht (18) über in

$$(\xi^2 - \eta^2)(\cos^2 \beta - \sin^2 \beta) - 4\,\xi\,\eta \sin \beta \cos \beta = a^2$$

oder wegen

$$\cos^2 \beta - \sin^2 \beta = \cos 2\beta, \quad 2 \sin \beta \cos \beta = \sin 2\beta$$

$$(\xi^2 - \eta^2) \cos 2\beta - 2\xi\eta \sin 2\beta = a^2 \quad . \quad . \quad . \quad (18\,\mathrm{b}).$$

Nach Gl. (9 d) sind aber die Asymptoten der gleichseitigen Hyperbel gegen die Achsen um 45° geneigt. Drehen wir also unser Achsen-system gerade um diesen Winkel, setzen also $\beta = -45°$, so fallen die neuen Achsen mit den Asymptoten selbst zusammen (Fig. 35) und wir erhalten als sog. Asymptotengleichung der gleich-seitigen Hyperbel aus (18b) mit $\cos 2\beta = 0$, $\sin 2\beta = -1$

$$\xi\eta = \frac{a^2}{2} \quad . \quad . \quad . \quad . \quad . \quad . \quad (18\,\mathrm{c}).$$

Hierin bedeutet $\frac{a^2}{2}$ den Inhalt des Quadrates $OASB$, dessen Diagonale die halbe Hauptachse bildet. Man erkennt sofort, daß die gleich-seitige Hyperbel mit der in § 1 im 2. Beispiel besprochenen Kurve, deren Konstruktion dort ebenfalls schon angegeben wurde, identisch ist.

6. Beispiel. Geht das neue Achsenkreuz $\xi\eta$ aus dem ursprüng-lichen schließlich durch gleichzeitige Verschiebung des Anfangspunktes

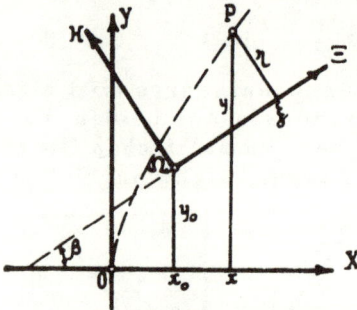

Fig. 36.

Ω um $x_0 y_0$ und Drehung der Achsen um den Winkel β hervor (Fig. 36), so erhalten wir für diese sog. allgemeine lineare Trans-formation die Gleichungen

$$\left.\begin{array}{l} x = x_0 + \xi \cos \beta - \eta \sin \beta \\ y = y_0 + \xi \sin \beta + \eta \cos \beta \end{array}\right\} \quad (19),$$

durch die drei neue Konstanten, nämlich $x_0 y_0$ und β eingeführt wer-den, welche mit den beiden Kegel-schnittkonstanten p und ε für die Scheitelgleichung, bzw. a und b für die Mittelpunktsgleichung zu-sammen fünf Konstanten ergeben. Setzen wir z. B. die Formeln (19) in die Scheitelgleichung (10) ein und fassen alle Glieder mit gleichen Potenzen bzw. Produkten der Veränderlichen ξ und η zusammen, so ergibt sich die allgemeine Kegelschnittsgleichung von der Form

$$\eta^2 + A\xi^2 + B\xi\eta + C\xi + D\eta + E = 0 \quad . \quad . \quad . \quad (20)$$

mit ebenfalls fünf Konstanten $ABCDE$, deren Berechnung aus $p\,\varepsilon\,x_0 y_0$ und β dem Leser überlassen werden kann. Um diese Kon-stanten eindeutig zu bestimmen, sind fünf Gleichungen der Form (20) mit fünf verschiedenen Wertpaaren $\xi\eta$ nötig, deren jedes einem be-stimmten Punkt angehört. Daraus geht sofort hervor, daß ein Kegelschnitt im allgemeinen durch fünf Punkte ge-geben ist.

Zum Schlusse sei noch der Spezialfall erwähnt, daß die Gleichung (20) in zwei Trinome von der Form

$$(\eta + a_1\,\xi + b_1)\ (\eta + a_2\xi + b_2) = 0 \ . \ . \ . \ . \ \text{(20a)}$$

zerfällt werden kann, deren jedes für sich, gleich Null gesetzt, eine Gerade darstellt. Dies heißt natürlich nichts anderes, als **daß der Kegelschnitt in diesem Fall in zwei Gerade ausartet**, entsprechend dem Schnitt einer Ebene durch die Kegelspitze (Fig. 22).

7. **Beispiel.** Schreiben wir die allgemeine Kegelschnittsgleichung (20) in der Form

$$y^2 + A\,x^2 + B\,xy + C\,x + D\,y + E = 0 \ . \ . \ . \ \text{(21)},$$

so erkennen wir zunächst ihre Identität mit der allgemeinen Gleichung zweiten Grades mit zwei Unbekannten, welche somit einen Kegelschnitt ebenso darstellt wie die allgemeine Gleichung ersten Grades mit zwei Konstanten

$$y + M x + N = 0 \ . \ . \ . \ . \ . \ . \ \text{(22)}$$

eine Gerade. Die Verbindung beider Gleichungen (21) und (22) liefert alsdann, wie man sich sofort durch Elimination einer der Veränderlichen, z. B. y, überzeugen kann, im allgemeinen **zwei Wertpaare** für x und y, welche beiden Gleichungen genügen und daher, falls sie **reell** sind, die Koordinaten der Schnittpunkte der Geraden mit dem Kegelschnitte bestimmen, während konjugiert komplexe Wurzelpaare andeuten, daß die Gerade den Kegelschnitt nicht schneidet. Daraus folgt sofort der Satz, **daß der Kegelschnitt von einer Geraden in höchstens zwei Punkten geschnitten werden kann.** Fallen die beiden reellen Wurzeln der nach Elimination von y übrig bleibenden quadratischen Gleichung für x, deren Berechnung dem Leser überlassen bleiben möge, zusammen, so trifft dies auch für die Schnittpunkte des Kegelschnitts mit der Geraden zu, welche damit in eine **Kegelschnittstangente** übergeht. Wir werden später eine Methode kennen lernen, welche deren Gleichung sehr bequem zu ermitteln gestattet, so daß wir uns damit hier nicht aufzuhalten brauchen.

8. **Beispiel.** Die Koordinaten eines beliebigen Punktes P im Abstande r von einem Punkte P_0 mit den Koordinaten $x_0 y_0$ sind

$$x = x_0 + r \cos \varphi, \quad y = y_0 + r \sin \varphi \ . \ . \ . \ . \ \text{(23)},$$

wenn φ den Neigungswinkel des Abstandes PP_0 mit der Abszissenachse bedeutet. Soll nun P auf einer Ellipse mit der Gl. (7) liegen, so wird nach Einsetzen von (23)

$$\frac{x_0^2}{a^2} + \frac{y_0^2}{b^2} - 1 + 2r\left(\frac{x_0 \cos \varphi}{a^2} + \frac{y_0 \sin \varphi}{b^2}\right) + r^2\left(\frac{\cos^2 \varphi}{a^2} + \frac{\sin^2 \varphi}{b^2}\right) = 0 \ \text{(23a)}.$$

Diese Gleichung liefert im allgemeinen zwei Werte für r, entsprechend zwei Schnittpunkten $P'P''$ der Geraden durch P_0 mit der Neigung φ.

Diese beiden Werte für r sind entgegengesetzt gleich, wenn die Gl. (23a) für r rein quadratisch wird, d. h. wenn

$$\frac{x_0 \cos \varphi}{a^2} + \frac{y_0 \sin \varphi}{b^2} = 0 \ \ \cdot \ \cdot \ \cdot \ \cdot \ \cdot \ \cdot \ (24).$$

Dann aber halbiert der Punkt P_0 die Verbindungslinie $P'P''$ und die Gl. (24) stellt den geometrischen Ort der Halbierungspunkte aller solcher Verbindungslinien mit derselben Neigung gegen die Achsen dar. Da dies offenbar eine Gerade durch den Mittelpunkt ist, die wir als einen Durchmesser bezeichnen können, so erhalten wir daraus den Satz, daß die Halbierungspunkte aller parallelen Ellipsen- sehnen auf einem Durchmesser liegen. Mit dem zur paral- lelen Sehnenschar gehörigen Durchmesser bildet der halbierende zu- sammen ein sog. Paar konjugierter Durchmesser. Dem Leser wird es keine Schwierigkeit bieten, die vorstehende Betrachtung auf die Hyperbel und die Parabel auszudehnen.

§ 6. Punkte, Gerade und Ebenen im Raume.

Um einen Punkt P im Raume festzulegen, brauchen wir nur seinen Abstand von der Ebene unseres Koordinatensystems, d. h. die Länge z seines Lotes auf die XY-Ebene und in dieser die Koordinaten $OA = x$ und $OB = y$ selbst zu kennen (Fig. 37). Diesem Lote PP''' entspricht aber eine auf der XY-Ebene nor-

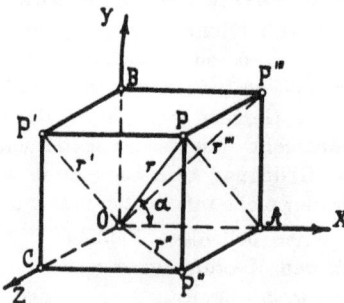

Fig. 37.

male Z-Achse im Anfang O, welche mit den beiden anderen Achsen drei Ebenen, nämlich OXY, OYZ, OZX einschließt und so ein rechtwinkliges räum- liches Koordinatensystem $OXYZ$ bildet. In diesem dürfen wir uns die Lage des Punktes P auch durch seine drei Abstände

$$PF' = OA = x$$
$$PP'' = OB = y$$
$$PP''' = OC = z$$

gegeben denken, die für sich drei Ebenen $PP'P''$, $PP''P'''$, $PP'''P'$ festlegen, welche mit den Koordinatenebenen durch O das rechtwinklige Parallelepipedon $OABC\ PP'P''P'''$ begrenzen.

Setzen wir ferner die Diagonale dieses Parallelepipedons $OP = r$, so stellen $OP' = r'$, $OP'' = r''$, $OP''' = r'''$ ihre Pro-

jektionen auf die drei Koordinatenebenen und die Koordinaten
xyz die Projektionen auf die drei Achsen dar, so zwar, daß

$$O P^2 = P P'^2 + O P'^2 = P P'^2 + O B^2 + O C^2 \text{ oder}$$

$$r^2 = x^2 + y^2 + z^2 \quad \ldots \quad \ldots \quad (1)$$

ist. Bezeichnen wir ferner die Winkel der Diagonale $O P$ mit
den drei Achsen $O X$, $O Y$, $O Z$ mit α, β, γ, so ist z. B. in dem
bei A rechtwinkligen Dreieck $O A P$, $O A = O P \cos P O X$ oder
$x = r \cos \alpha$, so daß wir auch unter Hinzufügung der beiden
anderen entsprechenden Beziehungen schreiben dürfen

$$x = r \cos \alpha, \quad y = r \cos \beta, \quad z = r \cos \gamma \quad \ldots \quad (2).$$

Führen wir diese Ausdrücke in Gl. (1) ein und heben r^2 auf
beiden Seiten weg, so bleibt die Beziehung

$$\cos^2 \alpha + \cos^2 \beta + \cos^2 \gamma = 1 \quad \ldots \quad \ldots \quad (3)$$

zwischen den drei Winkeln des Abstandes r vom Anfang mit
den Achsen übrig, welche genau dem bekannten Satze $\cos^2 \alpha$
$+ \sin^2 \alpha = 1$ in der Ebene entspricht. Diese Beziehung (3) gestattet offenbar, einen der drei Winkel durch die beiden anderen
auszudrücken, so daß die Richtung von $O P$ schon durch zwei der
Achsenwinkel bestimmt ist. Die Lage eines Punktes P selbst
können wir uns daher an Stelle der Koordinaten $x y z$ auch
durch die Länge $O P = r$ und zwei der Achsenwinkel dieses Abstandes, z. B. $P O Z = \gamma$ und $P O Y = \beta$ gegeben denken.

Sind zwei Punkte P_1
und P_2 durch ihre Koordinaten $x_1 y_1 z_1$ bzw. $x_2 y_2 z_2$
gegeben (Fig. 38), so er-
geben sich zunächst ihre
Abstände $O P_1 = r_1$ und
$O P_2 = r_2$ vom Anfang O
nach Gl. (1) zu

$$\left. \begin{array}{l} r_1^2 = x_1^2 + y_1^2 + z_1^2 \\ r_2^2 = x_2^2 + y_2^2 + z_2^2 \end{array} \right\} (1\,\mathrm{a}).$$

Zur bequemeren Berech-
nung ihres gegenseitigen

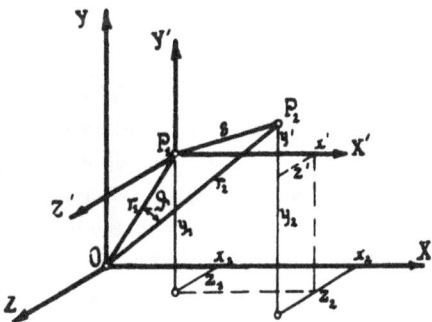

Fig. 38.

Abstandes $P_1 P_2 = s$ legen wir durch den Punkt P_1 ein dem
ursprünglichen paralleles Achsenkreuz $P_1 X' Y' Z'$, dessen entsprechende Ebenen von den ursprünglichen die mit den Ko-

ordinaten von P_1 identischen Abstände $x_1 y_1 z_1$ besitzen. In diesem neuen Parallelsystem sind nun die Koordinaten von P_2

$$x' = x_2 - x_1, \quad y' = y_2 - y_1, \quad z' = z_2 - z_1 \ . \ . \quad (4)$$

und die Entfernung $P_1 P_2$ folgt aus

$$s^2 = x'^2 + y'^2 + z'^2 \ . \ . \ . \ . \ . \quad (4\,a)$$

oder

$$s^2 = (x_2 - x_1)^2 + (y_2 - y_1)^2 + (z_2 - z_1)^2 \ . \ . \quad (5).$$

Dafür dürfen wir aber auch schreiben mit Rücksicht auf (1a)

$$s^2 = r_1{}^2 + r_2{}^2 - 2\,(x_1 x_2 + y_1 y_2 + z_1 z_2) \quad . \quad (5\,a),$$

während wir auch in dem Dreiecke $O\,P_1 P_2$ mit dem Winkel $P_1\,O\,P_2 = \vartheta$ haben

$$s^2 = r_1{}^2 + r_2{}^2 - 2\,r_1 r_2 \cos \vartheta$$

oder nach Abzug beider Formeln

$$r_1 r_2 \cos \vartheta = x_1 x_2 + y_1 y_2 + z_1 z_2 \ . \ . \ . \quad (5\,b).$$

Dividieren wir diese Gleichung mit $r_1 r_2$ und beachten, daß nach Gl. (2) die Neigungswinkel $\alpha_1 \beta_1 \gamma_1$ und $\alpha_2 \beta_2 \gamma_2$ der Abstände r_1 bzw. r_2 durch

$$\begin{aligned} x_1 &= r_1 \cos \alpha_1, & y_1 &= r_1 \cos \beta_1, & z_1 &= r_1 \cos \gamma_1\\ x_2 &= r_2 \cos \alpha_2, & y_2 &= r_2 \cos \beta_2, & z_2 &= r_2 \cos \gamma_2 \end{aligned} \right\} \quad (2\,a)$$

gegeben sind, so folgt aus (5b) auch für den **Neigungswinkel** von r_1 zu r_2

$$\cos \vartheta = \cos \alpha_1 \cos \alpha_2 + \cos \beta_1 \cos \beta_2 + \cos \gamma_1 \cos \gamma_2 \quad (6).$$

Stehen die beiden Strecken r_1 und r_2 **aufeinander senkrecht**, so wird mit $\cos \vartheta = 0$

$$\cos \alpha_1 \cos \alpha_2 + \cos \beta_1 \cos \beta_2 + \cos \gamma_1 \cos \gamma_2 = 0 \quad (6\,a),$$

während mit dem Zusammenfallen beider Strecken, d. h. für $\vartheta = 0$, $\cos \vartheta = 1$ die Gl. (6) in (3) übergeht.

Ersetzen wir nun den Punkt P_2 in Fig. 38 durch einen beliebigen Punkt P mit den Koordinaten $x\,y\,z$, so erhalten wir in dem System $P_1\,X'\,Y'\,Z'$ an Stelle von (4)

$$x' = x - x_1, \quad y' = y - y_1, \quad z' = z - z_1 \quad . \quad (4\,b).$$

Sind ferner $\alpha \beta \gamma$ die Neigungswinkel der Strecke $P_1 P = s$ gegen die Achsen $P_1 X', P_1 Y', P_1 Z'$ und damit auch gegen die ihnen parallelen OX, OY, OZ, so erhalten wir analog (2)

$$x' = s \cos \alpha, \quad y' = s \cos \beta, \quad z' = s \cos \gamma \quad . \quad (2\,a),$$

oder

$$\frac{x'}{\cos\alpha} = \frac{y'}{\cos\beta} = \frac{z'}{\cos\gamma} = s \quad . \quad . \quad . \quad (2\,\mathrm{b}).$$

Hierfür dürfen wir aber mit (4 b) auch schreiben

$$\frac{x - x_1}{\cos\alpha} = \frac{y - y_1}{\cos\beta} = \frac{z - z_1}{\cos\gamma} = s \quad . \quad . \quad . \quad (7)$$

oder

$$\left.\begin{aligned}\frac{x - x_1}{\cos\alpha} &= \frac{y - y_1}{\cos\beta} \\[2mm] \frac{x - x_1}{\cos\alpha} &= \frac{z - z_1}{\cos\gamma}\end{aligned}\right\} \quad . \quad . \quad . \quad (7\,\mathrm{a}),$$

während die dritte Gleichung in (7) zwischen y und z sich durch Subtraktion dieser beiden ergibt. Ein beliebiger auf der Geraden durch den Punkt $x_1 y_1 z_1$ mit den Neigungswinkeln $\alpha\beta\gamma$ liegender Punkt erfüllt hiernach zwei voneinander unabhängige lineare Gleichungen zwischen den drei Veränderlichen xyz oder umgekehrt: zwei lineare Gleichungen zwischen den drei Koordinaten

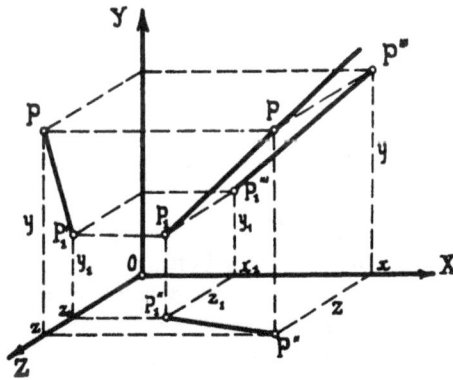

Fig. 39.

xyz bestimmen eine Gerade im Raume. Aus Fig. 39 erhellt weiterhin, daß die beiden Formeln (7 a) die Gleichungen der Projektionen $P_1''' P'''$ und $P_1'' P''$ der Geraden $P_1 P$ auf die XY- und XZ-Ebene darstellen, während die daraus hervorgehende dritte Formel

$$\frac{y - y_1}{\cos\beta} = \frac{z - z_1}{\cos\gamma}$$

die Gleichung der dritten Projektion $P_1' P'$ auf die YZ Ebene liefert, die somit durch die beiden anderen Projektionen schon gegeben ist.

Schreibt man die Gleichungen (7 a) der Geraden in der Form

$$y = x \frac{\cos \beta}{\cos \alpha} + \left(y_1 - x_1 \frac{\cos \beta}{\cos \alpha} \right) = \lambda x + b \Bigg\}$$
$$z = x \frac{\cos \gamma}{\cos \alpha} + \left(z_1 - x_1 \frac{\cos \gamma}{\cos \alpha} \right) = \mu x + c \Bigg\} \qquad (7\,\text{b}),$$

so enthalten sie nur noch vier Konstanten, von denen die beiden ersten λ und μ die Richtung der Geraden bedingen. In der Tat folgt aus

$$\frac{\cos \beta}{\cos \alpha} = \lambda, \quad \frac{\cos \gamma}{\cos \alpha} = \mu \quad \dots \dots \quad (8)$$

durch Quadrieren und Addieren sowie mit Rücksicht auf Gl. (3)

$$\frac{\cos^2 \beta + \cos^2 \gamma}{\cos^2 \alpha} = \frac{1 - \cos^2 \alpha}{\cos^2 \alpha} = \lambda^2 + \mu^2$$

oder

$$\left. \begin{aligned} \cos^2 \alpha &= \frac{1}{1 + \lambda^2 + \mu^2} \\ \cos^2 \beta &= \frac{\lambda^2}{1 + \lambda^2 + \mu^2} \\ \cos^2 \gamma &= \frac{\mu^2}{1 + \lambda^2 + \mu^2} \end{aligned} \right\} \quad \dots \dots \quad (8\text{a}).$$

Die vier Konstanten λ μ b c der Geraden Gl. (7a) erfordern nun zu ihrer Bestimmung wieder vier Gleichungen, von denen je zwei durch die Koordinaten eines Punktes erfüllt werden. Daraus geht aber hervor, daß **eine Gerade im allgemeinen durch zwei ihrer Punkte festgelegt ist**. Bezeichnen wir die Koordinaten dieser beiden Punkte mit $x_1 y_1 z_1$ bzw. $x_2 y_2 z_2$, so liefert deren Einführung in (7b)

$$y_1 = \lambda x_1 + b, \quad y_2 = \lambda x_2 + b$$
$$z_1 = \mu x_1 + b, \quad z_2 = \mu x_2 + b$$

oder nach Abzug von (7b) und voneinander

$$y - y_1 = \lambda (x - x_1), \quad y_2 - y_1 = \lambda (x_2 - x_1)$$
$$z - z_1 = \mu (x - x_1), \quad z_2 - z_1 = \mu (x_2 - x_1)$$

woraus schließlich durch Division

$$\frac{y - y_1}{y_2 - y_1} = \frac{x - x_1}{x_2 - x_1} = \frac{z - z_1}{z_2 - z_1} \quad \dots \dots \quad (7)$$

als die **Gleichung der Geraden durch beide Punkte** folgt.

Zwei Gerade mit den Gleichungen

$$y = \lambda_1\, x + b_1 \quad \text{und} \quad y = \lambda_2\, x + b_2 \atop z = \mu_1\, x + c_1 \qquad\qquad z = \mu_2\, x + c_2 \Bigg\} \quad \cdots \quad (9)$$

werden sich im allgemeinen nicht schneiden, aber miteinander einen Winkel bilden, der mit demjenigen ihrer Parallelen durch den Anfang übereinstimmt. Die Gleichungen dieser Parallelen ergeben sich sofort aus (9) mit der Bedingung des gleichzeitigen Verschwindens der Koordinaten im Anfang, die auf den Wegfall der konstanten Glieder $b_1\, c_1\, b_2\, c_2$ führt, so zwar, daß

$$y = \lambda_1\, x \quad \text{und} \quad y = \lambda_2\, x \atop z = \mu_1\, x \qquad\qquad z = \mu_2\, x \Bigg\} \quad \cdots \quad (9a).$$

Der Neigungswinkel ϑ dieser beiden Geraden folgt dann sofort aus (6) unter Beachtung der Ausdrücke für die sog. Richtungskosinus, nämlich

$$\cos\vartheta = \frac{1 + \lambda_1\lambda_2 + \mu_1\mu_2}{\sqrt{(1 + \lambda_1^2 + \mu_1^2)(1 + \lambda_2^2 + \mu_2^2)}} \quad (9b).$$

Stehen beide Geraden (9) bzw. (9a) aufeinander senkrecht, so wird mit $\vartheta = 90^0$ entsprechend (6a)

$$1 + \lambda_1\lambda_2 + \mu_1\mu_2 = 0 \quad \cdots \quad (9c).$$

Schneiden sich die beiden Geraden (9) in einem Punkte, so genügen dessen drei Koordinaten $x_0\, y_0\, z_0$ allen vier Gleichungen und können darum aus ihnen eliminiert werden. Dies führt auf die Bedingungsgleichungen

$$\lambda_1\, x_0 + b_1 = \lambda_2\, x_0 + b_2$$
$$\mu_1\, x_0 + c_1 = \mu_2\, x_0 + c_2$$

oder

$$x_0 = \frac{b_2 - b_1}{\lambda_1 - \lambda_2} = \frac{c_2 - c_1}{\mu_1 - \mu_2} \quad \cdots \quad (10),$$

mit denen sich dann leicht die beiden anderen Koordinaten des Schnittpunktes durch Einsetzen in (9) berechnen.

Die Gleichung einer Geraden durch den Punkt $x_1\, y_1\, z_1$ mit den Neigungswinkeln φ, ψ, χ gegen die Achsen (Fig. 40) dürfen wir nach (7) auch in der Form

$$x - x_1 = s\cos\varphi, \quad y - y_1 = s\cos\psi, \quad z - z_1 = s\cos\chi \quad (7c)$$

schreiben, worin s wieder den mit den Koordinaten $x\,y\,z$ veränderlichen Abstand eines beliebigen Punktes der Geraden vom Punkte $x_1\,y_1\,z_1$ bedeutet. Verlangen wir nun, daß diese Gerade auf einer durch die Achsenwinkel α, β, γ gegebenen Richtung senkrecht steht, so ist nach (6a)

$$\cos \varphi \cos \alpha + \cos \psi \cos \beta + \cos \chi \cos \gamma = 0,$$

woraus nach Einführung von (7c) unter Wegfall von s die Bedingungsgleichung

$$(x - x_1) \cos \alpha + (y - y_1) \cos \beta + (z - z_1) \cos \gamma = 0 \quad (11)$$

hervorgeht, der alle durch den Punkt $x_1 y_1 z_1$ hindurchgehenden Normalen zu einer Geraden mit den Achsenwinkeln $\alpha \beta \gamma$ ge-

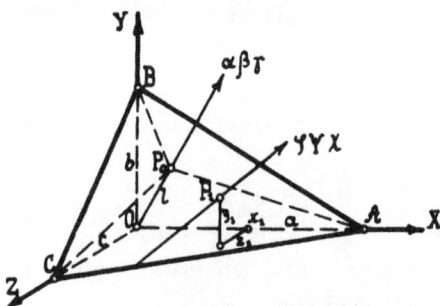

Fig. 40.

nügen. Da nun alle diese Normalen auf einer Ebene liegen, so dürfen wir Gl. (11) auch als die Gleichung einer Ebene durch den Punkt $x_1 y_1 z_1$, welche auf der Geraden mit den Achsenwinkeln $\alpha \beta \gamma$ senkrecht steht, ansprechen.

Der Gleichung (11) genügt natürlich auch der Fußpunkt P_0 des Lotes $O P_0 = l$ vom Anfang O auf die Ebene, dessen Koordinaten $x_0 y_0 z_0$ sein mögen, so zwar, daß

$$(x_0 - x_1) \cos \alpha + (y_0 - y_1) \cos \beta + (z_0 - z_1) \cos \gamma = 0$$

oder nach Abzug von (11)

$$(x - x_0) \cos \alpha + (y - y_0) \cos \beta + (z - z_0) \cos \gamma = 0 \quad (11\,a)$$

ist. Da ferner nach (1) für dieses Lot

$$x_0 = l \cos \alpha, \quad y_0 = l \cos \beta, \quad z_0 = l \cos \gamma$$

oder nach Multiplikation bzw. mit $\cos \alpha$, $\cos \beta$, $\cos \gamma$ und Addition

$$x_0 \cos \alpha + y_0 \cos \beta + z_0 \cos \gamma = l (\cos^2 \alpha + \cos^2 \beta + \cos^2 \gamma) = l \quad (11\,b)$$

ist, so wird aus (11a) auch

$$x \cos \alpha + y \cos \beta + z \cos \gamma = l \quad . \quad . \quad . \quad (12).$$

Diese sog. Normalgleichung der Ebene können wir noch weiter umformen durch Division mit l sowie durch Einführung der Abschnitte

$$O A = a, \quad O B = b, \quad O C = c$$

der Ebene ABC auf den Achsen, die sich aus den bei P_0 rechtwinkligen Dreiecken OP_0A, OP_0B, OP_0C zu

$$a = \frac{l}{\cos \alpha}, \quad b = \frac{l}{\cos \beta}, \quad c = \frac{l}{\cos \gamma}$$

berechnen. Damit geht (12) über in die Form

$$\frac{x}{a} + \frac{y}{b} + \frac{z}{c} = 1 \quad . \quad . \quad . \quad . \quad . \quad (13),$$

die mit (11) und (12) unter der allgemeinen Gleichung
ersten Grades für drei Veränderliche

$$Ax + By + Cz + D = 0 \quad . \quad . \quad . \quad (14)$$

zusammengefaßt werden kann, welche somit eine
Ebene im Raum darstellt. Da wir Gl. (14) stets durch
eine der vier Koordinaten, z. B. D, dividieren können, solange
diese nicht verschwindet, so ist in Wirklichkeit die Gleichung
der Ebene durch die drei Verhältnisse $A:D$, $B:D$, $C:D$, also
drei Konstanten bestimmt, deren Berechnung ebenso viele
Gleichungen von der Form (14) mit verschiedenen Werten
$x_1 y_1 z_1$, $x_2 y_2 z_2$, $x_3 y_3 z_3$ der Veränderlichen erfordert, die nichts
anderes als die Koordinaten dreier verschiedener Raumpunkte
bedeuten. Somit ist eine Ebene im Raum durch drei
ihrer Punkte eindeutig bestimmt.

1. Beispiel. Das Lot von einem Punkte x_0, y_0, z_0 auf
die Gerade

$$y = \lambda_1 x + b_1, \quad z = \mu_1 x + c_1 \quad . \quad . \quad . \quad . \quad (15)$$

habe die Gleichung

$$y = \lambda_2 x + b_2, \quad z = \mu_2 x + c_2 \quad . \quad . \quad . \quad . \quad (16)$$

oder

$$y - y_0 = \lambda_2 (x - x_0), \quad z - z_0 = \mu_2 (x - x_0) \quad . \quad . \quad (16\,\mathrm{a}),$$

so daß die Konstanten b_2 und c_2 durch

$$b_2 = y_0 - \lambda_2 x_0, \quad c_2 = z_0 - \mu_2 x_0 \quad . \quad . \quad . \quad . \quad (16\,\mathrm{b})$$

gegeben sind. Da die beiden Geraden (15) und (16) einander schneiden,
muß nach Gl. (10)

$$\frac{b_2 - b_1}{c_2 - c_1} = \frac{y_0 - \lambda_2 x_0 - b_1}{z_0 - \mu_2 x_0 - c_1} = \frac{\lambda_2 - \lambda_1}{\mu_2 - \mu_1}$$

oder

$$\mu_2 (y_0 - b_1 - \lambda_1 x_0) - \lambda_2 (z_0 - c_1 - \mu_1 x_0) = \mu_1 (y_0 - b_1) - \lambda_1 (z_0 - c_1) \quad (17)$$

und wegen der Normalstellung der Geraden zueinander nach Gl. (9 c)

$$\mu_2 \mu_1 + \lambda_1 \lambda_2 = -1$$

sein. Aus diesen beiden Formeln berechnet sich λ_2 und μ_2, womit
nach Einsetzen in (16a) die Gleichungen des Lotes vollständig gegeben sind.

2. Beispiel. Die Achsenwinkel φ, ψ, χ einer Normalen zu
zwei anderen Geraden mit den Achsenwinkeln $\alpha_1, \beta_1, \gamma_1$ und $\alpha_2, \beta_2, \gamma_2$
erfüllen gleichzeitig die Bedingungen

$$\cos \varphi \cos \alpha_1 + \cos \psi \cos \beta_1 + \cos \chi \cos \gamma_1 = 0$$
$$\cos \varphi \cos \alpha_2 + \cos \psi \cos \beta_2 + \cos \chi \cos \gamma_2 = 0$$

oder

$$\frac{\cos \varphi}{\cos \chi} \cos \alpha_1 + \frac{\cos \psi}{\cos \chi} \cos \beta_1 = - \cos \gamma_1$$

$$\frac{\cos \varphi}{\cos \chi} \cos \alpha_2 + \frac{\cos \psi}{\cos \chi} \cos \beta_2 = - \cos \gamma_2$$

woraus

$$\frac{\cos \varphi}{\cos \chi} = \frac{\cos \beta_1 \cos \gamma_2 - \cos \beta_2 \cos \gamma_1}{\cos \alpha_1 \cos \beta_2 - \cos \alpha_2 \cos \beta_1}$$

$$\frac{\cos \psi}{\cos \chi} = \frac{\cos \gamma_1 \cos \alpha_2 - \cos \gamma_2 \cos \alpha_1}{\cos \alpha_1 \cos \beta_2 - \cos \alpha_2 \cos \beta_1}$$

hervorgeht. Quadrieren und addieren wir diese Ausdrücke und beachten die Beziehung

$$\cos^2 \varphi + \cos^2 \psi + \cos^2 \chi = 1$$

so folgt mit der Abkürzung

$$\Delta^2 = (\cos \alpha_1 \cos \beta_2 - \cos \alpha_2 \cos \beta_1)^2 + (\cos \beta_1 \cos \gamma_2 - \cos \beta_2 \cos \gamma_1)^2$$
$$+ (\cos \gamma_1 \cos \alpha_2 - \cos \gamma_2 \cos \alpha_1)^2$$

schließlich

$$\left. \begin{array}{l} \cos \varphi = \dfrac{1}{\Delta} (\cos \beta_1 \cos \gamma_2 - \cos \beta_2 \cos \gamma_1) \\[2mm] \cos \psi = \dfrac{1}{\Delta} (\cos \gamma_1 \cos \alpha_2 - \cos \gamma_2 \cos \alpha_1) \\[2mm] \cos \chi = \dfrac{1}{\Delta} (\cos \alpha_1 \cos \beta_2 - \cos \alpha_2 \cos \beta_1) \end{array} \right\} \quad . \ . \ (18).$$

Schneiden sich die beiden Geraden mit den Richtungswinkeln
$\alpha_1, \beta_1, \gamma_1$ und $\alpha_2, \beta_2, \gamma_2$ in dem Punkte $x_0 y_0 z_0$, so bestimmen sie eine Ebene
mit der Gleichung analog (11)

$$(x - x_0) \cos \varphi + (y - y_0) \cos \psi + (z - z_0) \cos \chi = 0,$$

in die wir nur noch die Werte (18) einzusetzen haben.

Schneiden sich die beiden Geraden nicht, so berechnet sich mit
Hilfe der Richtungswinkel (18) und zweier Bedingungsgleichungen (9 c)
die Gleichung des gemeinsamen Lotes beider Geraden, die der Leser
für sich ermitteln möge.

3. **Beispiel.** Zur Berechnung der Länge des Lotes l_1 von einem Punkte $x_0 y_0 z_0$ auf die Ebene

$$x \cos \alpha + y \cos \beta + z \cos \gamma = l \quad \ldots \ldots \ (12),$$

in der l das Lot vom Koordinatenanfang O aus bedeutet, denken wir uns durch den gegebenen Punkt eine Parallelebene zu (12) gelegt mit dem Lote von O

$$l_0 = x_0 \cos \alpha + y_0 \cos \beta + z_0 \cos \gamma,$$

so daß sich das gesuchte Lot zu

$$l_1 = l_0 - l = x_0 \cos \alpha + y_0 \cos \beta + z_0 \cos \gamma - l \quad . \ (12\,a)$$

ergibt.

4. **Beispiel.** Genügt ein Punkt gleichzeitig der Gleichung der Geraden

$$y = \lambda x + b, \quad z = \mu x + c$$

und der Ebene

$$A x + B y + C z + D = 0,$$

so stellt er den Schnittpunkt beider dar mit der Abszisse

$$x = - \frac{B b + C c + D}{A + B \lambda + C \mu} \quad \ldots \ldots \ldots \ (19),$$

woraus die beiden anderen Koordinaten durch Einsetzen in die Geradengleichung folgen.

Der Schnittpunkt rückt ins Unendliche, d. h. **die Gerade wird der Ebene parallel, wenn in** (18) **der Nenner verschwindet,** d. h. wenn

$$A + B \lambda + C \mu = 0 \quad \ldots \ldots \ldots \ (19\,a).$$

Durch Einführung der Richtungswinkel der Geraden und der Normalen zur Ebene kann sich der Leser leicht davon überzeugen, daß die Bedingung (19a) die senkrechte Stellung beider zueinander fordert.

5. **Beispiel.** Die Elimination je einer der Koordinaten y bzw. z aus den Gleichungen zweier Ebenen

$$\left. \begin{array}{l} A_1 x + B_1 y + C_1 z + D_1 = 0 \\ A_2 x + B_2 y + C_2 z + D_2 = 0 \end{array} \right\} \quad \ldots \ldots \ (20)$$

liefert

$$\left. \begin{array}{l} y = \dfrac{B_1 C_2 - B_2 C_1}{C_1 A_2 - C_2 A_1} x + \dfrac{D_1 C_2 - D_2 C_1}{C_1 A_2 - C_2 A_1} \\[3mm] z = \dfrac{A_1 B_2 - A_2 B_1}{B_1 C_2 - B_2 C_1} x + \dfrac{D_1 B_2 - D_2 B_1}{B_1 C_2 - B_2 C_1} \end{array} \right\} \quad \ldots \ . \ (20\,a).$$

d. h. **die Gleichungen einer Geraden, welche als Schnitt der beiden Ebenen aufzufassen ist.** Diese Schnittgerade rückt ins Unendliche, wenn die Nenner dieser Formeln verschwinden, d. h. wenn

$$\frac{A_1}{A_2} = \frac{B_1}{B_2} = \frac{C_1}{C_2} \quad \cdots \cdots \cdots \quad (20\,b)$$

wird, eine Bedingung, welche offenbar die Übereinstimmung der Richtungswinkel der Normalen beider Ebenen ausspricht.

Nunmehr übersehen wir auch, daß die von uns benutzten Gleichungen einer Geraden, z B. in der Form (7b), mit den Gleichungen zweier Ebenen normal zur XY- bzw. XZ-Ebene identisch sind, so daß wir also stets die Gerade analytisch durch die Gleichungen zweier Ebenen ersetzt haben.

§ 7. Flächen und Raumkurven.

Eine Gleichung zwischen drei Unbekannten x, y, z können wir uns nach jeder derselben, z. B. z aufgelöst denken und erhalten dann einen bestimmten Wert von z, wenn wir den beiden anderen x und y willkürliche Werte erteilt haben. Ändern wir diese letzteren Werte, so ändert sich auch die Größe z derart, daß jedem Wertpaare der willkürlichen, sog. unabhängigen Veränderlichen xy ein oder mehrere Werte der abhängigen Veränderlichen z zugehören. Diesen Zusammenhang können wir analog der Gl. (1) in § 1 durch die Formel

$$z = F(x, y) \quad \cdots \cdots \cdots \quad (1)$$

(gesprochen: z gleich F von x und y) ausdrücken und z als eine Funktion der beiden Veränderlichen x und y bezeichnen.

Durch diese als Koordinaten betrachteten beiden unabhängigen Veränderlichen ist aber in unserem räumlichen Achsensystem Fig. 37 ein Punkt der XY-Ebene festgelegt, dem nach Gl. (1) ein oder mehrere Werte der dritten Koordinate z mit ebensoviel Punkten im Raume entsprechen. Durch stetige Änderung von x und y erhalten wir dann als geometrischen Ort der Endpunkte der zugehörigen z eine sog. Fläche, deren Gleichung durch (1) gegeben ist.

Genügen die drei Koordinaten x, y, z gleichzeitig zwei Flächengleichungen

$$z = F_1(x, y), \quad z = F_2(x, y) \quad \cdots \cdots \quad (2),$$

so gehören sie der Schnittkurve beider Flächen an. Eliminieren wir aus den Gleichungen (2) je eine der Veränderlichen z bzw. y, so erhalten wir zwei neue Gleichungen

$$y = f_1(x), \quad z = f_2(x) \quad \ldots \quad \ldots \quad (3),$$

welche die Projektionen der Schnittkurve auf die XY- bzw.
XZ-Ebene darstellen. Legen wir nun durch drei Punkte $P_1 P_2 P_3$
dieser Kurve (Fig. 41) eine Ebene, so finden wir, daß die anderen
Kurvenpunkte im allgemeinen aus dieser Ebene heraustreten,
d. h. daß die Kurve selbst
nicht in die Ebene hinein-
fällt. Wir bezeichnen sie
darum im Gegensatz zu den
früher betrachteten ebenen
Kurven als eine Raum-
kurve und definieren
sie analytisch durch
die Gleichungen zweier
Oberflächen, wie im
vorigen Paragraphen die Gerade durch die Gleichungen

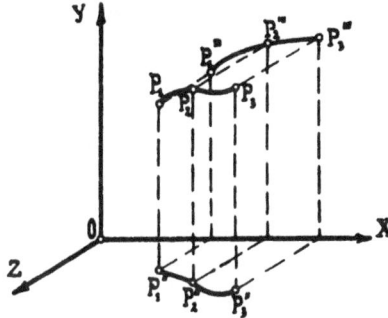

Fig. 41.

zweier Ebenen. Verbindet man übrigens sämtliche Punkte der
Kurve (Fig. 41) mit den zugehörigen Punkten ihrer Projektionen,
zieht also die Geraden $P_1 P_1'' // P_2 P_2'' // P_3 P_3'' // OY$ und $P_1 P_1'''$
$// P_2 P_2''' // P_3 P_3''' // OZ$, so zeigt sich, daß auch diese beiden
Scharen von Parallelen je eine Fläche bilden, die wir als
Zylinderflächen oder kurz als Zylinder mit den Leit-
kurven $P_1'' P_2'' P_3''$ und $P_1''' P_2''' P_3'''$ in den Koordinatenebenen OXZ und OXY bezeichnen wollen. Da z. B. dem
Punkte P_2'' der einen Leitkurve kein bestimmter Zylinderpunkt,
sondern alle Punkte der Geraden $P_2'' P_2$ zugehören, so kann die
Gleichung des Zylinders $P_1 P_2 P_3 \, P_1'' P_2'' P_3''$ die Koordinate y
nicht enthalten, und ebenso die Gleichung des anderen Zylinders
nicht die Koordinate z. Dies trifft aber schon für die Formeln (3)
zu, welche somit nicht nur die Gleichungen der Projektionen der Raumkuve, sondern auch diejenigen der
zugehörigen Zylinder parallel der Y- und Z-Achse
darstellen, als deren Schnitt wir die Raumkurve
somit betrachten dürfen.

Schneiden wir dagegen eine Fläche durch eine Ebene, so wird
die Schnittkurve naturgemäß eine ebene Kurve sein. Hiervon
macht man in der Kartographie vielfach Gebrauch zur an-
schaulichen Darstellung der Oberflächengestalt der Erde durch

4*

Schnitte mit Horizontalebenen in gleichen Vertikal-
abständen. Legen wir z. B. den Meereshorizont in unsere
XY-Ebene, so erhalten wir die aufeinanderfolgenden Horizontal-
schnitte aus Gl. (1) dadurch, daß wir der Höhe z die Werte
$z_1 z_2 z_3$ usw. derart erteilen, daß $z_2 - z_1 = z_3 - z_2$ usf. ist. Auf diese
Weise erhalten wir in Fig. 42 auf den entsprechenden Horizontalebenen E_1, E_2, E_3 usw. die sog. Höhenkurven (auch Isohypsen
genannt) K_1, K_2, K_3 mit den Gleichungen

$$F(x,y) = z_1, \quad F(x,y) = z_2, \quad F(x,y) = z_3 \text{ usw.} \qquad (1\,\text{a}),$$

aus denen die Gestalt der Fläche leicht ersichtlich ist. Da diese
Gleichungen mit denen ihrer Projektionen auf die X-Y-Ebene
identisch sind, so stellen sie außerdem noch die Gleichungen

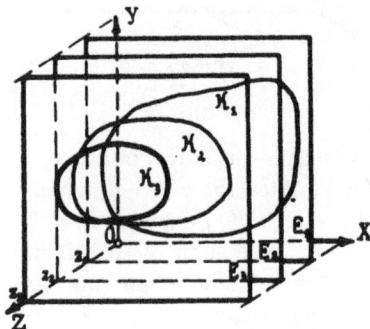 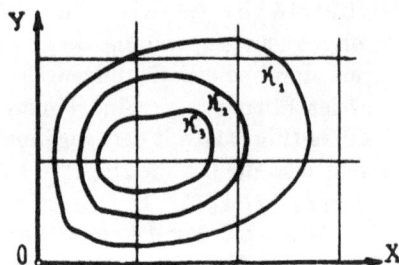

Fig. 42.   Fig. 43.

von Zylindern parallel zur Z-Achse dar, deren Schnitte mit
der Fläche Gl. (1) ebenfalls die Kurven $K_1 K_2 K_3$ ergeben. Auf
den Landkarten verzichtet man allerdings, um das Durcheinander-
laufen von Höhenkurven zu vermeiden, auf die parallel-perspek-
tivische Darstellung der Fig. 42 und erhält so das Bild Fig. 43
der Projektionen aller Kurven auf die Zeichenebene, in dem ein
dem Achsenkreuze OXY paralleles Liniennetz die Gradeinteilung
andeutet.

Nach diesen allgemeinen Vorbemerkungen gehen wir zur
Besprechung einiger Flächen selbst über, von denen neben der
im vorigen Paragraphen eingehend behandelten Ebene und den
oben gekennzeichneten Zylindern die Kugel sich durch be-
sondere Einfachheit auszeichnet. Definieren wir sie als geometrischen Ort aller Punkte mit gleichem Abstand a

vom Koordinatenanfang O, so erhalten wir aus Gl. (1) § 6 mit $r = a$ sofort

$$x^2 + y^2 + z^2 = a^2 \quad \ldots \ldots \quad (4)$$

als Mittelpunktsgleichung der Kugel mit dem Radius a. Verlegen wir ihren Mittelpunkt dagegen in einen Punkt $x_0 y_0 z_0$, so folgt nach Analogie von Gl. (5) § 6 für einen beliebigen Punkt $x y z$ im Abstande a vom Zentrum

$$(x - x_0)^2 + (y - y_0)^2 + (z - z_0)^2 = a^2 \quad . \quad . \quad (4\,a).$$

Setzen wir in diesen beiden Formeln $z = 0$ bzw. $z = z_0$, d. h. schneiden wir die Kugel durch eine Ebene, welche der XY-Ebene parallel verläuft und das Zentrum trifft, so ergeben sich sofort die Kreisgleichungen (1) und (8) des § 3.

Schneiden wir auf den Achsen die drei Stücke $OA = a$, $OB = b$, $OC = c$ ab, so können wir über ihnen als Halbachsen in den Koordinatenebenen OXY, OYZ, OZX drei Ellipsen konstruieren (Fig. 44). Eine Parallelebene zu OYZ mit der Abszisse $OA' = x$ trifft die beiden Ellipsen AB und AC in den Punkten B' und C' mit den Ordinaten $A'B' = y_0$

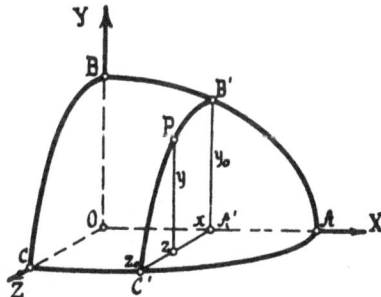

Fig. 44.

und $A'C' = z_0$. Errichten wir dann über diesen Ordinaten als Halbachsen wieder eine Ellipse $B'C'$, so genügt ein Punkt P derselben der Gleichung

$$\frac{y^2}{y_0{}^2} + \frac{z^2}{z_0{}^2} = 1,$$

während die Gleichungen der Ellipsen AB und AC lauten

$$\frac{x^2}{a^2} + \frac{y_0{}^2}{b^2} = 1, \quad \frac{x^2}{a^2} + \frac{z_0{}^2}{c^2} = 1.$$

Berechnen wir hieraus $y_0{}^2$ und $z_0{}^2$ und setzen diese Zwischenwerte in die Gleichung der Ellipse $B'C'$ ein, so folgt nach Vereinigung aller veränderlichen Glieder auf der linken Seite

$$\frac{x^2}{a^2} + \frac{y^2}{b^2} + \frac{z^2}{c^2} = 1 \quad \ldots \ldots \quad (5),$$

also die Gleichung einer Fläche, welche die Koordinaten $y_0 z_0$

nicht mehr enthält, für $x = 0$ aber die Ellipse BC ergibt. Diese Fläche bezeichnen wir als ein **Ellipsoid** mit den drei Halbachsen a, b, c, die im allgemeinen verschieden ausfallen. Werden zwei dieser Halbachsen einander gleich, z. B. $a = b$, so wird die Ellipse AB ein Kreis und (5) geht über in

$$\frac{x^2 + y^2}{a^2} + \frac{z^2}{c^2} = 1 \quad \ldots \ldots \quad (5\,\text{a}).$$

Hierin bedeutet aber $\sqrt{x^2 + y^2} = r$ den Abstand eines Punktes der Oberfläche von der Z-Achse, so daß wir auch an Stelle von (5 a)

$$\frac{r^2}{a^2} + \frac{z^2}{c^2} = 1 \quad \ldots \ldots \quad (5\,\text{b})$$

setzen dürfen. Für konstante Werte von z, denen Schnitte parallel der XY-Ebene entsprechen, ergeben somit die letzten beiden Formeln Kreise, so daß wir uns das Ellipsoid (Fig. 45)

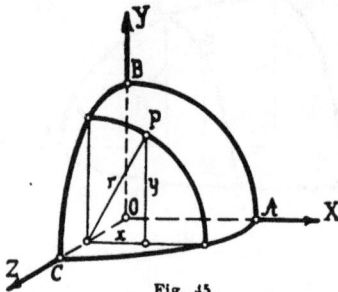

Fig. 45.

auch durch Umdrehung der Kurve AC oder BC um die Z-Achse entstanden denken können. Demgemäß bezeichnen wir die Fläche als ein Umdrehungs- oder **Rotationsellipsoid**, und zwar, je nachdem $a \lessgtr c$, als ein **gestrecktes** oder **abgeplattetes**.

Konstruiert man in derselben Weise (Fig. 46) in der XY und XZ-Ebene zwei **Hyperbeln** mit den Hauptachsen $OB = b$ und $OC = c$ und der gemeinsamen Nebenachse a, so besitzen diese im Abstande x von der YZ-Ebene die Koordinaten $A'B' = y_0$ und $A'C' = z_0$, über denen wir als Halbachsen dann eine **Ellipse** mit der Gleichung

$$\frac{y^2}{y_0{}^2} + \frac{z^2}{z_0{}^2} = 1$$

konstruieren können, während die Gleichungen der beiden Hyberbeln

$$\frac{y_0{}^2}{b^2} - \frac{x^2}{a^2} = 1, \quad \frac{z_0{}^2}{c^2} - \frac{x^2}{a^2} = 1$$

lauten. Durch Elimination von x_0 und y_0 folgt daraus die Gleichung

$$- \frac{x^2}{a^2} + \frac{y^2}{b^2} + \frac{z^2}{c^2} = 1 \ \ . \ \ . \ \ . \ \ . \ \ (6),$$

welche ein sog. einschaliges Hyperboloid (Fig. 46) darstellt. Schreiben wir die Gleichung in der Form

$$\frac{z^2}{c^2} - \frac{x^2}{a^2} = 1 - \frac{y^2}{b^2},$$

so können wir sie aus der Multiplikation zweier Ebenengleichungen

$$\left. \begin{aligned} \frac{z}{c} - \frac{x}{a} &= \lambda \left(1 - \frac{y}{b}\right) \\ \frac{z}{c} + \frac{x}{a} &= \frac{1}{\lambda} \left(1 + \frac{y}{b}\right) \end{aligned} \right\} \text{oder} \left. \begin{aligned} \frac{z}{c} - \frac{x}{a} &= \mu \left(1 + \frac{y}{b}\right) \\ \frac{z}{c} + \frac{x}{a} &= \frac{1}{\mu} \left(1 - \frac{y}{b}\right) \end{aligned} \right\} \ \ (6\,\text{a}),$$

die zusammen für den
beliebigen Wert von λ
und μ zwei Gerade DD
und $D'D'$ definieren,
hervorgegangen denken.
Da alle Punkte die-
ser Geraden unab-
hängig von λ und μ
der Gl. (6) genügen,
so liegen die Ge-
raden selbst auf der

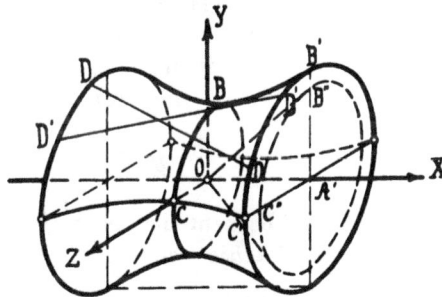

Fig. 46.

Hyperboloidfläche, die somit durch je eine Schar
solcher Geraden gebildet werden kann. Dies trifft
auch dann noch zu, wenn mit $c = b$ und $y^2 + z^2 = r^2$ aus Gl. (6)

$$\frac{r^2}{b^2} - \frac{x^2}{a^2} = 1 \ \ . \ \ . \ \ . \ \ . \ \ . \ \ (6\,\text{b})$$

wird, die Fläche also in ein einschaliges Rotationshyperboloid übergeht. Daher kann man diese Fläche bequem durch Rotation einer die Drehachse nicht
schneidenden Geraden erzeugen.

Wiederholen wir die in Fig. 46 angedeutete Konstruktion
mit den Asymptotenpaaren der beiden Hyperbeln, deren Gleichungen mit $OA' = x$, $A'B'' = y_0$, $A'C'' = z_0$ in Fig. 47

$$\frac{y_0^2}{b^2} - \frac{x^2}{a^2} = 0, \quad \frac{z_0^2}{c^2} - \frac{x^2}{a^2} = 0$$

oder

$$\frac{y_0}{b} = \pm \frac{x}{a} = \frac{z}{c}$$

lauten, so folgt durch Elimination der Hilfsveränderlichen y_0 und z_0 aus der Gleichung

$$\frac{y^2}{y_0{}^2} + \frac{z^2}{z_0{}^2} = 1$$

der über y_0 und z_0 errichteten Ellipse $B'' C''$

$$- \frac{x^2}{a^2} + \frac{y^2}{b^2} + \frac{z^2}{c^2} = 0 \quad . \quad . \quad . \quad . \quad (7),$$

d. i. die Gleichung des sog. Asymptotenkegels des ein-schaligen Hyperboloids (6). Dieser Kegel, der, wie aus Fig. 46 hervorgeht, auch durch Führung einer durch O hindurch-gehenden Geraden längs einer Ellipse $B'' C''$ normal zur Achse OA' erzeugt werden kann, ist demnach ein elliptischer und geht für $c = b$ und $y^2 + z^2 = r^2$, entsprechend dem Rotationshyperboloid (6b), in einen Rotations- oder Kreiskegel

$$\frac{r^2}{b^2} - \frac{x^2}{a^2} = 0 \quad . \quad . \quad . \quad . \quad . \quad (7\,\mathrm{a})$$

über.

Nunmehr übersieht der Leser leicht, daß man auch aus zwei sich in der X-Achse schneidenden Hyperbeln $A B'$ und $A C'$

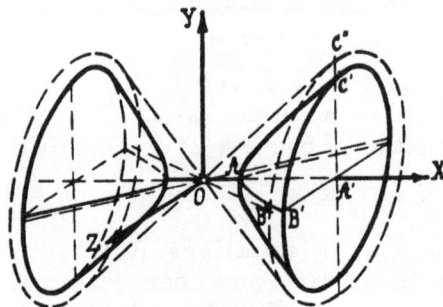

Fig. 47.

mit gemeinsamer Haupt-achse a eine weitere Fläche (Fig. 47) mit der Gleichung

$$\frac{x^2}{a^2} - \frac{y^2}{b^2} - \frac{z^2}{c^2} = 1 \quad (8)$$

konstruieren kann, die offenbar in zwei ge-trennte Schalen zerfällt und darum als zwei-schaliges Hyper-boloid bezeichnet wird. Ihr entspricht, wie ebenfalls aus Fig. 47 ersichtlich, ein (elliptischer) Asymptotenkegel $OB'' C''$ mit der Achse OX und der Gleichung

$$\frac{x^2}{a^2} - \frac{y^2}{b^2} - \frac{z^2}{c^2} = 0 \quad . \quad . \quad . \quad . \quad (9),$$

der für gleiche Halbachsenlängen mit dem durch (7) gegebenen

Asymptotenkegel des einschaligen Hyperboloids identisch ist, so daß man die Fläche Fig. 47 noch in die Fig. 46 hineinzeichnen könnte. Dies tritt noch deutlicher für die Rotationsfläche hervor, deren Gleichung aus (8) mit $c = b$ und $y^2 + z^2 = r^2$ sich zu

$$\frac{x^2}{a^2} - \frac{r^2}{b^2} = 1 \quad \ldots \ldots \quad (8\,a)$$

ergibt, also nur durch das Vorzeichen der linken Seite sich von (6 b) unterscheidet wie zwei Hyperbeln mit gemeinsamem Asymptotenpaar.

Die bisher besprochenen Flächen besitzen sämtlich den Koordinatenanfang als Mittelpunkt und liegen, entsprechend der rein quadratischen Natur ihrer Gleichungen, symmetrisch zu den Koordinatenebenen. Sie gehen daher, wenn eine der drei Halbachsen unendlich groß wird, in elliptische oder hyperbolische Zylinder über.

Wollen wir über der Parabel Flächen dieser Art konstruieren, so werden wir im einfachsten Falle deren Scheitel, wie in Fig. 26, in den Koordinatenanfang legen und erhalten dann in Fig. 48 mit $OA = x$, $AB = y_0$, $AC = z_0$ für eine Ellipse $BCB'C'$ über den Achsen y_0, z_0

$$\frac{y^2}{y_0{}^2} + \frac{z^2}{z_0{}^2} = 1,$$

während die Gleichungen zweier in O sich rechtwinklig schneidender Parabeln mit den Parametern p_1 und p_2

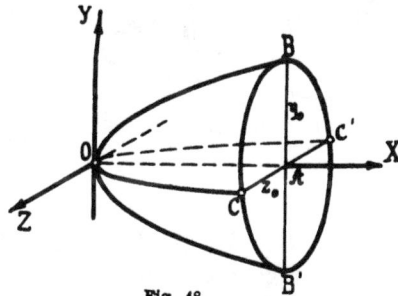

Fig. 48.

$$y_0{}^2 = 2\,p_1 x, \quad z_0{}^2 = 2 p_2 x$$

lauten, woraus dann durch Elimination von y_0 und z_0

$$\frac{y^2}{p_1} + \frac{z^2}{p_2} = 2x \quad \ldots \ldots \quad (10)$$

als Gleichung der sog. elliptischen Paraboloids hervorgeht.

Konstruieren wir dagegen in Fig. 49 über den beiden Achsen $AB = y_0$ und $AC = z_0$ im Abstande $OA = x$ eine Hyperbel

$$\frac{y^2}{y_0{}^2} - \frac{z^2}{z_0{}^2} = 1$$

und setzen wieder

$$y_0^2 = 2\,p_1 x, \quad z_0^2 = 2\,p_2 x,$$

so folgt als Gleichung der sattelförmigen Fläche des **hyper-bolischen Paraboloids**

$$\frac{y^2}{p_1} - \frac{z^2}{p_2} = 2\,x \quad \ldots \ldots \quad (11).$$

Diese können wir uns auch analog derjenigen des einschaligen Hyperboloids aus der Multiplikation zweier Ebenengleichungen

$$\left.\begin{array}{l} \dfrac{y}{\sqrt{p_1}} - \dfrac{z}{\sqrt{p_2}} = \lambda \\[2mm] \dfrac{y}{\sqrt{p_1}} + \dfrac{z}{\sqrt{p_2}} = \dfrac{2x}{\lambda} \end{array}\right\} \text{ oder}$$

$$\left.\begin{array}{l} \dfrac{y}{\sqrt{p_1}} - \dfrac{z}{\sqrt{p_2}} = \dfrac{2x}{\mu} \\[2mm] \dfrac{y}{\sqrt{p_1}} + \dfrac{z}{\sqrt{p_2}} = \mu \end{array}\right\} \text{ (11a)}$$

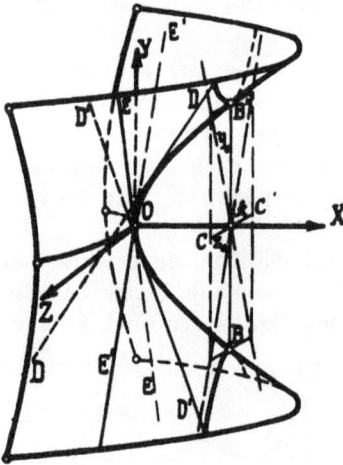

Fig. 49.

hervorgegangen denken, die zusammen für jeden Wert von λ bzw. μ je eine Gerade DD und $D'D'$ auf der Fläche definieren. Für $x = 0$, d. h. in der YZ-Ebene zerfällt die Gl. (11) in

$$\frac{y}{\sqrt{p_1}} - \frac{z}{\sqrt{p_2}} = 0, \quad \frac{y}{\sqrt{p_1}} + \frac{z}{\sqrt{p_2}} = 0 \quad \ldots \quad (11\,\mathrm{b}),$$

die zwei Geraden EOE und $E'OE'$ auf der Fläche durch den Scheitel zugehören. Diese beiden Geraden stellen überdies die Spuren zweier sich in der X-Achse schneidenden Ebenen OAE und OAE' dar, welche die Asymptoten aller zur X-Achse normalen Hyperbelschnitte der Fläche enthalten. Mit den beiden Paraboloiden, deren Gleichungen zwar nicht mehr in allen Koordinaten rein quadratisch wie die Mittelpunktsgleichungen des Ellipsoides und der beiden Hyperboloide, aber doch noch vom zweiten Grade sind, ist die Reihe der **Flächen zweiten Grades** geschlossen, da die ebenfalls hierher gehörigen **ellip-tischen** und **hyperbolischen Zylinder und Kegel** sowie die **Kugel** nur als Spezialfälle anzusehen sind, zu denen sich schließlich noch zwei Ebenen gesellen können.

Von anderen Flächen wollen wir ihrer praktischen Bedeutung wegen nur die einfache Schraubenfläche noch kurz betrachten, welche durch eine gleichzeitige Drehung einer Geraden AB um eine zu ihr senkrechte Achse OZ und eine der Drehung φ proportionale Parallelverschiebung z längs dieser Achse entsteht (Fig. 50).

Demnach ist mit einem Proportionalitätsfaktor r_0

$$z = r_0 \varphi \qquad (12)$$

schon die Gleichung der Schraubenfläche in einem den ebenen Polarkoordinaten analogen Zylinderkoordinatensystem r, φ, z. Da nun nach Fig. 50:

$y = x \operatorname{tg} \varphi$ ist, so dürfen wir auch an

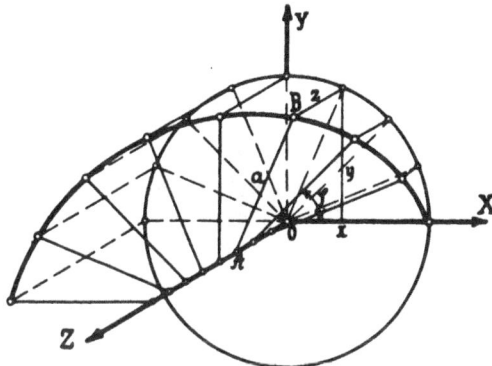

Fig. 50.

Stelle von (12) in unserem rechtwinkligen System für die Schraubenfläche schreiben

$$\frac{y}{x} = \operatorname{tg} \frac{z}{r_0} \text{ oder } \frac{z}{r_0} = \operatorname{arctg} \frac{y}{x} \quad . \quad . \quad . \quad (12\,\mathrm{a}).$$

Schneiden wir diese Fläche mit einem Zylinder vom Radius a oder verbinden, was auf dasselbe hinausläuft, alle Punkte B auf der bewegten Geraden im Abstande a von der Achse untereinander, so entsteht eine Schraubenlinie, für die mit Rücksicht auf (12) die Gleichungen

$$\left. \begin{array}{l} x = a \cos \varphi = a \cos \dfrac{z}{r_0} \\[2mm] y = a \sin \varphi = a \sin \dfrac{z}{r_0} \end{array} \right\} \quad . \quad . \quad . \quad . \quad (13)$$

bestehen, an deren Stelle wir auch (12 a) mit der Zylindergleichung $r = a$ oder

$$x^2 + y^2 = a^2 \quad . \quad . \quad . \quad . \quad . \quad (14)$$

hätten kombinieren können. Aus (13) geht hervor, daß die beiden Projektionen der Schraubenlinie auf die XZ- und

YZ-Ebene Sinuslinien (vgl. Fig. 18) sind. Bezeichnet man die Verschiebung der Erzeugungsgeraden für eine ganze Umdrehung $\varphi = 2\pi$, die sog. Ganghöhe der Schraube oder Schraubensteigung mit h, so ist nach (12)

$$h = 2r_0\pi \quad . \quad . \quad . \quad . \quad . \quad . \quad (14\,\mathrm{b})$$

und wir erhalten an Stelle von (13) das Gleichungspaar

$$\left.\begin{aligned} x &= a \cos 2\pi\,\frac{z}{h} \\[1mm] y &= a \sin 2\pi\,\frac{z}{h} \end{aligned}\right\} \quad . \quad . \quad . \quad . \quad (13\,\mathrm{a}).$$

Der Leser kann leicht feststellen, daß die Schraubenlinie keine ebene, sondern eine Raumkurve ist, die sich aber sehr bequem durch Aufwickeln eines Dreiecks auf einen Kreiszylinder konstruieren läßt.

1. Beispiel. Eine Gerade durch den Anfang mit den Neigungswinkeln φ, ψ, χ erfüllt die Gleichungen

$$x = r \cos \varphi, \quad y = r \cos \psi, \quad z = r \cos \chi,$$

worin r den veränderlichen Abstand OP irgendeines Punktes der Geraden vom Anfang O bedeutet, so zwar, daß

$$r^2 = x^2 + y^2 + z^2$$

ist (Fig. 51). Verlangen wir nun, daß diese Gerade mit einer anderen durch den Anfang, deren Neigungswinkel α, β, γ sind, einen Winkel ϑ

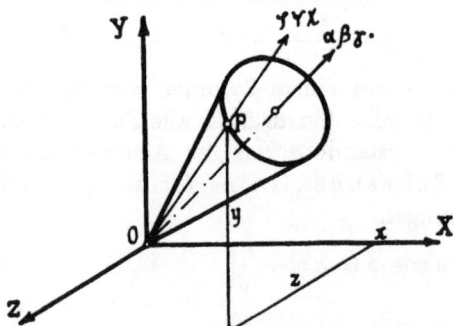

Fig. 51.

einschließt, so haben wir nur aus der Formel

$$\cos\alpha \cos\varphi + \cos\beta \cos\psi + \cos\gamma \cos\chi = \cos\vartheta$$

die Winkel φ, ψ und χ zu eliminieren, also

$$x \cos\alpha + y \cos\beta + z \cos\gamma = r \cos\vartheta$$

zu schreiben. Dies liefert für $\vartheta = 90$, also $\cos\vartheta = 0$ die Gleichung einer Ebene durch den Anfang; ersetzen wir jedoch den Abstand r durch seinen Wert in den drei Koordinaten, so folgt

$$(x \cos\alpha + y \cos\beta + z \cos\gamma)^2 = (x^2 + y^2 + z^2) \cos^2\vartheta \;. \quad (15)$$

als Gleichung des geometrischen Ortes aller Punkte, deren Fahrstrahl mit einer durch ihre Neigung $\alpha\beta\gamma$ gegebenen Geraden einen konstanten Winkel ϑ bildet. Dies ist aber nichts anderes als ein **Kreis-kegel** mit der Spitze im Anfang, der Achsenneigung $\alpha\beta\gamma$ und dem Öffnungswinkel $2\,\vartheta$, dessen Gleichung somit durch (15) gegeben ist. Man übersieht sofort, daß daraus die Gleichung eines kongruenten Kreiskegels mit der Spitze in einem Punkte $x_0 y_0 z_0$ durch Ersatz von xyz in Gl. (15) durch $x — x_0$, $y — y_0$, $z — z_0$ hervorgeht.

2. Beispiel. Schneiden wir die **Kugel** (Fig. 52)

$$x^2 + y^2 + z^2 = a^2$$

mit einer Geraden von der Neigung $\varphi\,\psi\chi$ durch den Punkt P mit den Ko-

ordinaten $x_0 y_0 z_0$ im Abstande l von O, deren
Gleichungen

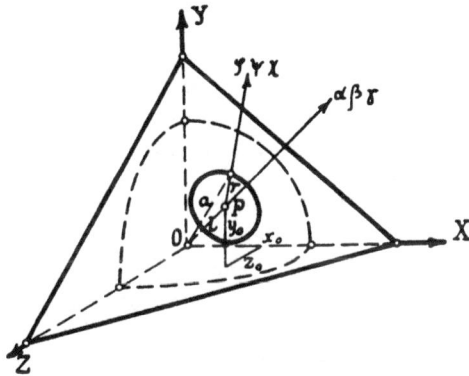

$$\left.\begin{array}{l} x = x_0 + r\cos\varphi, \\ y = y_0 + r\cos\psi, \\ z = z_0 + r\cos\chi \end{array}\right\} \quad (16)$$

lauten, so wird durch
Einsetzen mit $x_0^2 + y_0^2 + z_0^2 = l^2$

$$2\,r\,(x_0\cos\varphi + y_0\cos\psi + z_0\cos\chi) + r^2 = a^2 - l^2 \ . \ (17).$$

Steht dann die Ge-
rade auf der Strecke l
mit den Neigungswinkeln

Fig. 52.

α, β, γ senkrecht, so liegt sie auf einer Ebene und es wird wegen $x_0 = l\cos\alpha$, $y_0 = l\cos\beta$, $z_0 = l\cos\gamma$ sowie

$$\cos\alpha\,\cos\varphi + \cos\beta\,\cos\psi + \cos\gamma\,\cos\chi = 0$$
$$r^2 = a^2 - l^2 \ . \ . \ . \ . \ . \ . \ . \ . \ (17\,a)$$

d. h. die **Ebene**

$$x\cos\alpha + y\cos\beta + z\cos\gamma = l$$

schneidet die Kugel mit dem Radius a um den Anfang in einem Kreise, solange $l < a$, während für größere Ent-fernungen l der Kreisradius imaginär wird. Für $l = a$ berührt die **Ebene die Kugel im Punkte** $x_0 y_0 z_0$, und ihre Gleichung erhält nach Elimination der Richtungswinkel $\alpha\beta\gamma$ die Form

$$x x_0 + y y_0 + z z_0 = a^2 \ . \ . \ . \ . \ . \ . \ . \ (18)$$

3. Beispiel. Die Gerade (16) schneidet das **Ellipsoid**

$$\frac{x^2}{a^2} + \frac{y^2}{b^2} + \frac{z^2}{c^2} = 1$$

in Punkten, deren Abstände r von $x_0 y_0 z_0$ sich nach Einsetzen von (16) in die Ellipsoidgleichung aus

$$\frac{x_0{}^2}{a^2} + \frac{y_0{}^2}{b^2} + \frac{z_0{}^2}{c^2} - 1 + 2\,r\left(\frac{x_0 \cos \varphi}{a^2} + \frac{y_0 \cos \psi}{b^2} + \frac{z_0 \cos \chi}{c^2}\right)$$
$$+ r^2\left(\frac{\cos^2 \varphi}{a^2} + \frac{\cos^2 \psi}{b^2} + \frac{\cos^2 \chi}{c^2}\right) = 0 \quad (18)$$

ergeben. Da diese Gleichung zwei Wurzeln für r besitzt, so schneidet die Gerade im allgemeinen das Ellipsoid in zwei Punkten. Sollen diese beiden Punkte in gleichem Abstande zu beiden Seiten von $x_0 y_0 z_0$ auf der Geraden liegen, so müssen die Wurzeln von (18) entgegengesetzt gleich, die Gleichung also in r rein quadratisch sein, d. h. es muß

$$\frac{x_0 \cos \varphi}{a^2} + \frac{y_0 \cos \psi}{b^2} + \frac{z_0 \cos \chi}{c^2} = 0 \quad . \quad . \quad . \quad (10)$$

sein. Dies ist aber die Gleichung einer Ebene durch den Ellipsoidmittelpunkt, eine sog. Diametralebene, welche somit alle Parallelsehnen mit den Richtungswinkeln φ, ψ, χ halbiert.

Der Nachweis dieses Satzes für die anderen Flächen zweiten Grades sei dem Leser zur Übung empfohlen.

4. Beispiel. Schneiden wir das Ellipsoid ABC (Fig. 53)

$$\frac{x^2}{a^2} + \frac{y^2}{b^2} + \frac{z^2}{c^2} = 1,$$

mit einer konzentrischen Kugel $A_0 B C_0$, deren Radius mit einer der Ellipsoidhalbachsen, z. B. $OB = b$, übereinstimmt, also

$$\frac{x^2}{b^2} + \frac{y^2}{b^2} + \frac{z^2}{b^2} = 1,$$

so folgt durch Subtraktion

$$x^2\left(\frac{1}{b^2} - \frac{1}{a^2}\right)$$
$$+ z^2\left(\frac{1}{b^2} - \frac{1}{c^2}\right) = 0$$

oder

$$x^2\left(\frac{1}{b^2} - \frac{1}{a^2}\right)$$
$$= z^2\left(\frac{1}{c^2} - \frac{1}{b^2}\right) \quad (20),$$

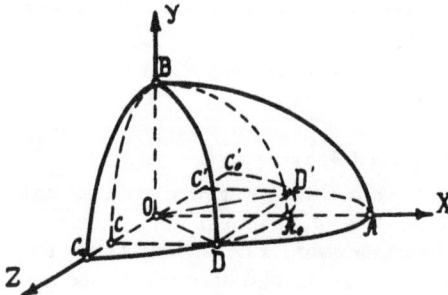

Fig. 53.

woraus

$$\frac{x}{z} = \pm \sqrt{\frac{\dfrac{1}{c^2} - \dfrac{1}{b^2}}{\dfrac{1}{b^2} - \dfrac{1}{a^2}}}$$

d. h. die Gleichung zweier Ebenen OBD und OBD' durch die Y-Achse folgt, solange gleichzeitig entweder $a^2 > b^2 > c^2$ oder

$a^2 < b^2 < c^2$, d. h. solange der Kugelradius der mittleren
Ellipsoidachse gleich ist. Da ferner nach dem 2. Beispiel
alle ebenen Kugelschnitte Kreise sind, so schneidet die Kugel
durch die Enden der mittleren Ellipsoidhalbachsen das
Ellipsoid in zwei Kreisen.

5. Beispiel. Der Schnitt einer Kugel ABC (Fig. 54)

$$x^2 + y^2 + z^2 = a^2$$

mit einem geraden Kreiszylinder
vom Durchmesser a, dessen Mantel durch die Y-Achse geht,
während seine Achse MN in
der XY-Ebene liegt, also von
der Gleichung

$$z^2 = x(a - x) \quad . \quad (21),$$

liefert eine Raumkurve, deren
Projektion APB auf die XY-
Ebene nach Elimination von z
aus diesen Formeln die Gleichung

$$y^2 = a(a - x) \quad . \quad (22)$$

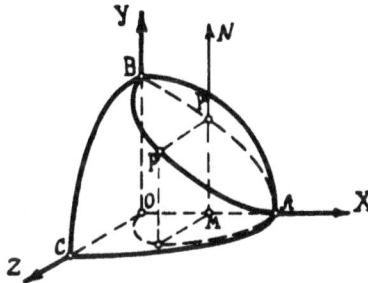

Fig. 54.

besitzt, also eine Parabel ist. Daher kann man die Schnittkurve
auch als die des Kreiszylinders mit dem parabolischen Zylinder über
APB auffassen, woraus ihr räumlicher Charakter sofort erhellt, da
ein ebener Kugelschnitt ein Kreis sein muß, dessen Projektion auf
die XY-Ebene als Ellipse, bzw. in unserem Falle als eine Gerade
durch AB erscheinen muß.

Kapitel II.

Differential- und Integralrechnung.

---

§ 8. Grundregeln der Differentiation.

Verbinden wir zwei Punkte $x_1 y_1$ und xy einer ebenen Kurve (Fig. 55) mit der Gleichung

$$y = f(x) \ . \quad . \quad . \quad . \quad . \quad . \quad . \quad (1)$$

durch eine Sehne, so ist deren Neigungswinkel τ gegen die Abszissenachse durch

$$\operatorname{tg}\tau = \frac{y - y_1}{x - x_1} = \frac{f(x) - f(x_1)}{x - x_1} \ (2)$$

gegeben. Rücken wir die beiden Punkte einander immer näher, so geht die Sehne schließlich bei verschwindenden Differenzen $y - y_1$ und $x - x_1$ in die Tangente über. Deren Neigungswinkel τ_1 ist daher durch den Grenz-

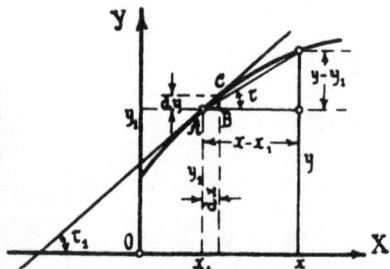

Fig. 55.

wert (limes) des Quotienten der verschwindenden Koordinatendifferenzen, der sog. Differentiale, die wir nach dem Vorgange von Leibniz mit dy bzw. dx bezeichnen wollen, derart bestimmt, daß

$$\operatorname{tg}\tau_1 = \lim \left(\frac{y - y_1}{x - x_1} \right) = \frac{dy}{dx} \ . \quad . \quad . \quad . \quad (3)$$

(gesprochen dy nach dx) den Differentialquotienten von y nach x definiert. Die Differentiale dy und dx erscheinen demnach als die Katheten eines unendlich kleinen rechtwinkligen Dreiecks ABC (Fig. 55), dessen Hypothenuse ein unendlich kleines Stück der Kurve s selbst, ein Kurven- oder Bogendifferential ds bildet. Mit dieser Auffassung aber können wir an Stelle von (3) auch schreiben

$$\left.\begin{array}{l} dy = \operatorname{tg}\tau_1\, dx = \sin\tau_1\, ds \\ dx = \operatorname{cotg}\tau_1\, dy = \cos\tau_1\, ds \end{array}\right\} \ \cdots \ (3a),$$

d. h. wir dürfen die Differentiale wie endliche Größen behandeln. Häufig setzt man auch zur Abkürzung sowie um die Unabhängigkeit des Differentialquotienten einer Funktion von ihrer geometrischen Darstellung zu betonen,

$$\frac{dy}{dx} = y' = f'(x) = \lim\left[\frac{f(x)-f(x_1)}{x-x_1}\right]. \ \cdots \ (4)$$

und an Stelle von (3a)

$$dy = y'dx, \quad dx = \frac{dy}{y'} \ \cdots \ (4a).$$

Die Bildung des Differentialquotienten ist somit eine Rechenoperation, die man als Differentiation oder mit dem Zeitworte differentieren bezeichnet.

Schreiben wir an Stelle von (1) die inverse Funktion

$$x = F(y) \ \cdots \ (5),$$

die nach den Darlegungen von § 1 ebenfalls durch die Kurve (Fig. 55) dargestellt ist, so erhalten wir für deren Differentialquotienten

$$\frac{dx}{dy} = F'(y) = \operatorname{cotg}\tau_1 \ \cdots \ (5a)$$

und daher in Verbindung mit (3) und (4)

$$\frac{dy}{dx}\cdot\frac{dx}{dy} = f'(x)\cdot F'(y) = \operatorname{tg}\tau_1 \operatorname{cotg}\tau_1 = 1 \ . \ (5b),$$

d. h. die Differentialquotienten inverser Funktionen sind einander reziprok.

Haben wir es ferner mit einem Ausdruck von der Form

$$y = a f(x) + C . \ \cdots \ (6)$$

zu tun, in dem a und C konstante Größen bedeuten, so folgt durch Wiederholung der obigen Betrachtungen

$$\frac{y - y_1}{x - x_1} = \frac{[a f(x) + C] - [a f(x_1) + C]}{x - x_1} = a \frac{f(x) - f(x_1)}{x - x_1} \quad (6a),$$

mithin beim Übergang zur Grenze $x = x_1$

$$\frac{dy}{dx} = a f'(x) \quad \cdots \cdots \quad (6b),$$

d. h. durch die Differentiation einer Funktion bleibt ein konstanter Faktor derselben ungeändert, während eine zusätzliche (additive) Konstante dabei verschwindet.

Hat die vorgelegte Gleichung die Form

$$f(x) = F(y) \quad \cdots \cdots \cdots \quad (7),$$

so kann man sie mit einer Hilfsveränderlichen u auch in zwei Gleichungen

$$u = f(x), \quad u = F(y)$$

auflösen und erhält durch Differentiation

$$\frac{du}{dx} = f'(x), \quad \frac{du}{dy} = F'(y),$$

woraus nach Elimination des Differentials du

$$f'(x)\, dx = F'(y)\, dy \quad \cdots \cdots \quad (7a)$$

oder

$$\frac{dy}{dx} = \frac{f'(x)}{F'(y)} \cdot \quad \cdots \cdots \quad (7b)$$

hervorgeht. Es ist also für die Differentiation gar nicht notwendig, eine vorgelegte Gleichung nach einer der Veränderlichen vollständig aufzulösen.

Mit den vorstehenden Regeln können wir nunmehr unter Weglassung der additiven Konstanten zur Bildung des Differentialquotienten einer Potenz vorschreiten. Ist

$$y = a x^n \quad \cdots \cdots \cdots \quad (8),$$

mit dem ganzen positiven Exponenten n, so folgt zunächst

$$\frac{y - y_1}{x - x_1} = a \frac{x^n - x_1^{\,n}}{x - x_1}$$
$$= a\,(x^{n-1} + x^{n-2} \cdot x_1 + x^{n-3} x_1^2 + \ldots + x_1^{\,n-1}),$$

worin die Klammer der rechten Seite n-Glieder umfaßt, die für $x = x_1$ d. h. beim Grenzübergang alle einander gleich werden Mithin ist

$$\frac{dy}{dx} = n a x^{n-1} \quad \cdots \cdots \quad (8a).$$

Für einen **negativen ganzen Exponenten** $n = -m$ ist

$$y = ax^{-m} = \frac{a}{x^m} \quad \ldots \quad \ldots \quad (8\,\text{b}),$$

also

$$\frac{y - y_1}{x - x_1} = a\,\frac{\dfrac{1}{x^m} - \dfrac{1}{x_1^{\,m}}}{x - x_1} = -\frac{a}{x^m x_1^{\,m}} \cdot \frac{x^m - x_1^{\,m}}{x - x_1}$$

$$= -\frac{a}{x^m x_1^{\,m}}\,(x^{m-1} + x^{m-2}\,x_1 + \cdots + x_1^{\,m-1})$$

oder für $x = x_1$

$$\frac{dy}{dx} = \frac{-ma}{x^{2m}}\,x^{m-1} = -max^{-m-1} = nax^{n-1} \quad (8\,\text{c}).$$

Für einen **gebrochenen Exponenten** $n = \dfrac{p}{q}$ ist

$$y = ax^{\frac{p}{q}} \quad \ldots \quad \ldots \quad \ldots \quad (8\,\text{d})$$

oder

$$y^q = a^q x^p.$$

Hieraus folgt nach der Regel (7 a)

$$q y^{q-1} dy = a^q p\, x^{p-1} dx$$

oder

$$\frac{dy}{dx} = \frac{p a^q}{q}\,\frac{x^{p-1}}{y^{q-1}} = \frac{p}{q}\,a\,x^{\frac{p}{q}-1} = nax^{n-1} \quad \ldots \quad (8\,\text{c}).$$

Die durch (8a) ausgedrückte Differentiations-regel gilt somit für positive, negative, ganze und gebrochene Exponenten.

Wir betrachten nunmehr die **Summe oder Differenz zweier Funktionen**

$$y = f_1(x) \pm f_2(x) \quad \ldots \quad \ldots \quad \ldots \quad (9),$$

woraus

$$\frac{y - y_1}{x - x_1} = \frac{[f_1(x) \pm f_2(x)] - [f_1(x_1) \pm f_2(x_1)]}{x - x_1}$$

oder

$$\frac{y - y_1}{x - x_1} = \frac{f_1(x) - f_1(x_1)}{x - x_1} \pm \frac{f_2(x) - f_2(x_1)}{x - x_1}$$

und durch deren Übergang zum Grenzwert

$$\frac{dy}{dx} = \lim \frac{y - y_1}{x - x_1} = f_1'(x) \pm f_2'(x) \quad \ldots \quad (9\,\text{a})$$

folgt. Der Differentialquotient der **Summe oder**

5*

Differenz zweier Funktionen ist demnach gleich der Summe bzw. der Differenz der einzelnen Differentialquotienten.

Man übersieht sofort, daß diese Sätze sich ohne weiteres auf eine beliebige Zahl von Funktionen ausdehnen lassen, womit zugleich die **Differentiation einer algebraischen Summe von Potenzen mit konstanten Faktoren erledigt ist.**

In vielen Fällen haben wir es nicht mit einer direkten Abhängigkeit der Veränderlichen y von x zu tun, sondern mit einem Zusammenhange durch Vermittlung einer dritten Veränderlichen u, derart daß

$$y = f(u), \quad x = F(u) \quad . \quad . \quad : \quad . \quad . \quad (10)$$

ist. Alsdann ist

$$\frac{dy}{du} = f'(u), \quad \frac{dx}{du} = F'(u)$$

und nach Division unter Wegfall der Differentiale du

$$\frac{dy}{dx} = \frac{f'(u)}{F'(u)} \quad . \quad . \quad . \quad . \quad . \quad (10a).$$

Hat dagegen das Gleichungspaar die Form

$$y = f(u), \quad u = F(x) \quad . \quad . \quad . \quad . \quad . \quad (11),$$

so spricht man y als die **Funktion einer Funktion** u von x an, und erhält durch **Differentiation**

$$\frac{dy}{du} = f'(u), \quad \frac{du}{dx} = F'(x)$$

und nach Multiplikation beider Ausdrücke unter Wegfall von du

$$\frac{dy}{dx} = f'(u) \cdot F'(x) \quad . \quad . \quad . \quad . \quad (11a).$$

1. **Beispiel.** So kann man an Stelle von

$$y = (a + bx^n)^k \quad . \quad . \quad . \quad . \quad . \quad . \quad (12)$$

setzen

$$y = u^k, \quad u = a + bx^n,$$

woraus nach (11a)

$$\frac{dy}{dx} = ku^{k-1} \cdot nbx^{n-1} = knb(a + bx^n)^{k-1} \cdot x^{n-1} \quad . \quad (12a)$$

folgt, und zwar für alle reellen Werte der Exponenten k und n.

Ist x weiterhin das **Produkt zweier Funktionen**

$$y = f(x) \cdot F(x) \quad . \quad . \quad . \quad . \quad . \quad (13)$$

vorgelegt, so schreibe man mit

$$u = f(x), \quad v = F(x) \quad \ldots \quad \ldots \quad (13\,\mathrm{a})$$

kürzer

$$y = u \cdot v \quad \ldots \quad \ldots \quad \ldots \quad (13\,\mathrm{b})$$

und daher

$$\frac{y - y_1}{x - x_1} = \frac{uv - u_1 v_1}{x - x_1} = \frac{uv - uv_1 + uv_1 - u_1 v_1}{x - x_1}$$

oder

$$\frac{y - y_1}{x - x_1} = u \frac{v - v_1}{x - x_1} + v_1 \frac{u - u_1}{x - x_1}.$$

Beim Übergang zur Grenze $u = u_1$, $v = v_1$ wird daraus

$$\frac{dy}{dx} = u \frac{dv}{dx} + v \frac{du}{dx} \quad \ldots \quad \ldots \quad (13\,\mathrm{c}),$$

worin natürlich

$$\frac{du}{dx} = f'(x), \quad \frac{dv}{dx} = F'(x) \quad \ldots \quad \ldots \quad (13\,\mathrm{d})$$

bedeutet.

2. **Beispiel.** Nach dieser Rechenvorschrift kann man in

$$y = (a_1 + b_1 x)^n (a_2 + b_2 x^k) \quad \ldots \quad \ldots \quad (14)$$

setzen

$$u = (a_1 + b_1 x)^n, \quad v = a_2 + b_2 x^k$$

und erhält daraus unter Berücksichtigung der Regel (11 a)

$$\frac{du}{dx} = n b_1 (a_1 + b_1 x)^{n-1}, \quad \frac{dv}{dx} = k b_2 x^{k-1}$$

$$\frac{dy}{dx} = b_1 n (a_1 + b_1 x)^{n-1} (a_2 + b_2 x^k) + b_2 k x^{k-1} (a_1 + b_1 x)^n \quad (14\,\mathrm{a}).$$

Schreiben wir an Stelle des **Quotienten zweier Funktionen**

$$y = \frac{f(x)}{F(x)} = \frac{u}{v} \quad \ldots \quad \ldots \quad \ldots \quad (15),$$

umgekehrt

$$y v = u,$$

so liefert die Regel für das Produkt

$$v \frac{dy}{dx} + y \frac{dv}{dx} = \frac{du}{dx}$$

oder mit (15)

$$\frac{dy}{dx} = \frac{1}{v^2} \left(v \frac{du}{dx} - u \frac{dv}{dx} \right) \quad \ldots \quad \ldots \quad (15\,\mathrm{a}),$$

ein Ergebnis, das wir natürlich auch unmittelbar aus (15) durch den Grenzübergang hätten ableiten können.

3. Beispiel. Hat man z. B.

$$y = \frac{(a_1 + b_1 x)^n}{a_2 + b_2 x^k} = \frac{u}{v} \quad \ldots \ldots \ldots (16)$$

so ist

$$\frac{du}{dx} = n b_1 (a_1 + b_1 x)^{n-1}, \quad \frac{dv}{dx} = k b_2 x^{k-1},$$

also

$$y = \frac{n b_1 (a_1 + b_1 x)^{n-1} (a_2 + b_2 x^k) - k b_2 x^{k-1} (a_1 + b_1 x)^n}{(a_2 + b_2 x^k)^2} \quad (16a).$$

Sind schließlich die beiden Veränderlichen x, y durch eine Gleichung verknüpft, die wir weder nach x noch nach y auflösen können, so schreiben wir für diese Gleichung allgemein

$$f(x,y) = 0 \quad \ldots \ldots \ldots (17)$$

und sagen aus, daß sie beide Veränderliche **implizite** enthält. Genügt ein anderes Wertpaar $x_1 y_1$ ebenfalls dieser Gleichung, so dürfen wir auch $f(x_1 y_1) = 0$ setzen und erhalten durch Subtraktion von (17) und Division mit der Differenz $x - x_1$

$$\frac{f(xy) - f(x_1 y_1)}{x - x_1} = 0$$

und nach Hinzufügung von $f(x_1 y) - f(x_1 y)$ im Zähler

$$\frac{f(xy) - f(x_1 y)}{x - x_1} + \frac{f(x_1 y) - f(x_1 y_1)}{x - x_1} = 0$$

oder

$$\frac{f(xy) - f(x_1 y)}{x - x_1} + \frac{f(x_1 y) - f(x_1 y_1)}{y - y_1} \cdot \frac{y - y_1}{x - x_1} = 0 \quad (17a).$$

Gehen wir hierin zur Grenze $x = x_1$ bzw. $y = y_1$ über, so bedeutet der erste Bruch nichts anderes als den **Differential-quotienten** von $f(xy)$ nach x bei konstant gedachtem y, der zweite den nach y bei konstant gedachtem x. Diese Differentialquotienten wollen wir als **partielle** bezeichnen und zum Unterschiede von den bisher betrachteten sog. **totalen** mit dem Buchstaben ∂ derart schreiben, daß

$$\left. \begin{array}{c} \lim \dfrac{f(xy) - f(x_1 y)}{x - x_1} = \dfrac{\partial f}{\partial x} \\[2mm] \lim \dfrac{f(xy) - f(xy_1)}{y - y_1} = \lim \dfrac{f(x_1 y) - f(x_1 y_1)}{y - y_1} = \dfrac{\partial f}{\partial y} \end{array} \right\} \cdot (17b).$$

In die Gleichung (17a) eingesetzt liefert dies unter Beachtung, daß $\lim \dfrac{y - y_1}{x - x_1} = \dfrac{dy}{dx}$ ist,

$$\frac{\partial f}{\partial x} + \frac{\partial f}{\partial y}\frac{dy}{dx} = 0 \quad \ldots \ldots \quad (17\,c)$$

oder aufgelöst

$$\frac{dy}{dx} = -\frac{\dfrac{\partial f}{\partial x}}{\dfrac{\partial f}{\partial y}} \quad \ldots \ldots \quad (17\,d).$$

4. Beispiel. Ist

$$f(x, y) = (a_1 x + b_1 y)^k + a_2 x^m + b_2 y^n = 0 \ . \ . \ . \ (18)$$

so folgt unter Beachtung von (11 a)

$$\frac{\partial f}{\partial x} = k\,a_1\,(a_1 x + b_1 y)^{k-1} + m\,a_2 x^{m-1}$$

$$\frac{\partial f}{\partial y} = k\,b_1\,(a_1 x + b_1 y)^{k-1} + n\,b_2 y^{n-1}$$

also

$$\frac{dy}{dx} = -\frac{k\,a_1\,(a_1 x + b_1 y)^{k-1} + m\,a_2 x^{m-1}}{k\,b_1\,(a_1 x + b_1 y)^{k-1} + n\,b_2 y^{n-1}} \ . \ . \ (18\,a).$$

5. Beispiel. Zur weiteren Übung möge dem Leser die Differentiation folgender Funktionen dienen, deren Ergebnis $\dfrac{dy}{dx} = y'$ zur Probe hinzugefügt ist.

$$y = a + b\sqrt{x} + cx = a + bx^{\frac{1}{2}} + cx \qquad y' = \frac{b}{2\sqrt{x}} + c$$

$$y = \sqrt{a + bx} = u^{\frac{1}{2}} \qquad\qquad y' = \frac{b}{2\sqrt{a + bx}}$$

$$y = \sqrt{a^2 - x^2} = u^{\frac{1}{2}} \qquad\qquad y' = -\frac{x}{\sqrt{a^2 - x^2}}$$

$$y = \sqrt{a + x} + \sqrt{a - x} = u^{\frac{1}{2}} + v^{\frac{1}{2}} \qquad y' = \frac{\sqrt{a - x} - \sqrt{a + x}}{2\sqrt{a^2 - x^2}}$$

$$y = a\,u, \quad x = b\,u^2 + c \qquad\qquad y' = \frac{a}{2}\sqrt{\frac{v}{x - c}}$$

$$y = (a + bx)\sqrt{c^2 - x^2} = u\,v \qquad y' = \frac{b(c^2 - x^2) - a - bx}{\sqrt{c^2 - x^2}}$$

$$y = \frac{a + bx}{a - bx} = \frac{u}{v} \qquad\qquad y' = \frac{2\,ab}{(a - bx)^2}$$

$$y = \sqrt{\frac{a + bx}{a - bx}} = u^{\frac{1}{2}} \qquad\qquad y' = \frac{ab}{(a - bx)^2}\sqrt{\frac{a - bx}{a + bx}}$$

$$y^2 + xy + x^2 = 0 \qquad\qquad y' = -\frac{2x + y}{2y + x}$$

Ist $y = f(x)$ die Gleichung einer Kurve, so gibt nach Gl. (3) der Differentialquotient $y_1' = f'(x_1) = \operatorname{tg} \tau_1$ für jeden Punkt $x_1 y_1$ den Neigungswinkel τ_1 der Tangente in diesem, ihrem Berührungspunkte P an. Infolgedessen ist die Gleichung der Tangente

$$y - y_1 = (x - x_1)\operatorname{tg}\tau_1 = (x - x_1)f'(x_1) \quad . \quad . \quad (19)$$

und diejenige der Normalen zur Tangente und damit zur Kurve selbst in demselben Punkte

$$y - y_1 = (x_1 - x)\operatorname{cotg}\tau_1$$
$$= \frac{x_1 - x}{f'(x)}$$

oder

$$(y - y_1)f'(x_1) = x_1 - x \quad (20).$$

Bezeichnet man ferner die Projektion TA der Tangente auf die Abszissenachse als die **Subtangente**, die der Normalen NA als **Subnormale**, so sind deren Längen

$$\left. \begin{aligned} TA &= y_1 \operatorname{cotg}\tau_1 = \frac{y_1}{f'(x_1)} \\ NA &= y_1 \operatorname{tg}\tau_1 \quad = y_1 f'(x_1) \end{aligned} \right\} \quad . \quad . \quad . \quad . \quad (21).$$

Ist dagegen die **Kurvengleichung in der impliziten Form** $f(xy) = 0$ gegeben, so ist nach (17 d)

$$\operatorname{tg}\tau_1 = \frac{dy}{dx} = -\frac{\dfrac{\partial f}{\partial x}}{\dfrac{\partial f}{\partial y}}$$

und daher die Gleichung der Tangente

$$(y - y_1)\frac{\partial f}{\partial y} + (x - x_1)\frac{\partial f}{\partial x} = 0 \quad . \quad . \quad (19\,\text{a}),$$

während die Gleichung der Normale

$$(y - y_1)\frac{\partial f}{\partial x} - (x - x_1)\frac{\partial f}{\partial y} = 0 \quad . \quad . \quad . \quad (20\,\text{a})$$

lautet.

6. **Beispiel.** Aus der **Scheitelgleichung der Parabel** $y^2 = 2px$ folgt durch Differentiation auf beiden Seiten nach (7 a) $y\,dy = p\,dx$, also

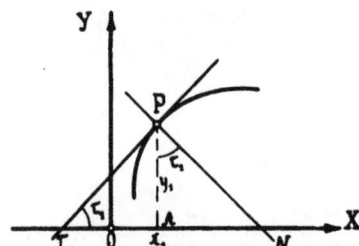

Fig. 56.

$$\frac{dy}{dx} = \frac{p}{y} = \frac{1}{2}\frac{y}{x}.$$

Mithin ist die Gleichung der Parabeltangente (Fig. 57) im Punkte $x_1 y_1$ nach (19)

$$y - y_1 = \frac{p}{y_1}(x - x_1) \quad \ldots \ldots \ldots (21)$$

oder wegen $y_1{}^2 = 2 p x_1$

$$y \cdot y_1 = p(x + x_1) \quad \ldots \ldots \ldots (21\,\mathrm{a}).$$

Der Schnittpunkt B dieser Tangente mit der Ordinatenachse hat mit $x = 0$ die Ordinate $y_0 = \frac{p x_1}{y_1} = \frac{y_1}{2}$, während ihr Schnittpunkt T mit der X-Achse die Abszisse $x_0 = -x_1$ hat. Die Entfernung des Brenn-

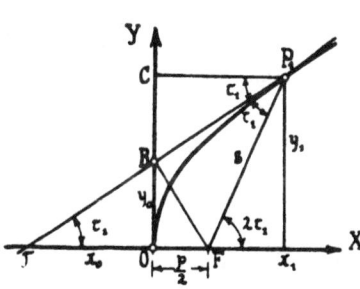

Fig. 57.

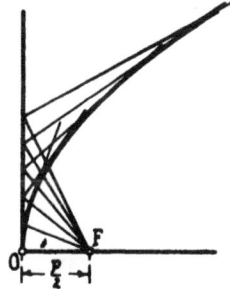

Fig. 58.

punktes F mit der Abszisse $\frac{p}{2}$ von T ist demnach $\frac{p}{2} - x_0 = \frac{p}{2} + x_1$, während der Abstand $FP_1 = s$ aus

$$s^2 = \left(x_1 - \frac{p}{2}\right)^2 + y_1{}^2 = x_1{}^2 - p x_1 + \frac{p^2}{4} + y_1{}^2$$

wegen $y_1{}^2 = 2 p x_1$ sich ebenfalls zu

$$s = \frac{p}{2} + x_1$$

berechnet. Es ist mithin $TF = FP_1$ und ebenso wegen $2 y_0 = y_1$ auch $TB = BP_1$, d h. FTP_1 ist ein gleichschenkliges Drei- eck mit der Spitze im Brennpunkt, dessen Höhe FB auf der mit der Ordinatenachse identischen Scheitel- tangente die Basis TP_1 trifft. Daraus folgt weiter, daß die Tangente den Winkel FP_1C zwischen dem Brennstrahl FP_1 und der Parallelen zur Achse P_1C halbiert sowie, daß der Fußpunkt B des Lotes FB vom Brennpunkt auf die Tangente stets auf der Scheiteltangente liegt. Diese letztere Eigenschaft erlaubt, wie in Fig. 58 angedeutet, eine

bequeme Konstruktion der Parabel bei vorgelegtem Brennpunktsabstand $\frac{p}{2}$ vom Scheitel O durch »einhüllende Tangenten«.

7. **Beispiel.** Schreiben wir die **Mittelpunktsgleichung
der Ellipse** (Fig. 59) in der Form

$$\frac{y^2}{b^2} = 1 - \frac{x^2}{a^2} \quad \dots \quad \dots \quad \dots \quad (22)$$

und differenzieren nach (7 a) auf beiden Seiten, so wird daraus

$$\frac{dy}{dx} = -\frac{x}{y}\cdot\frac{b^2}{a^2}.$$

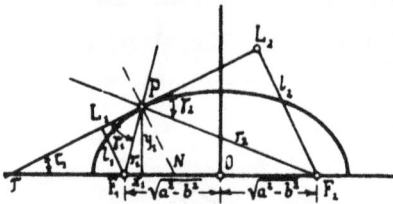

Fig. 59.

ebenfalls genügen, kürzer

Somit ist die Gleichung der
Ellipsentangente im Punkte
$x_1 y_1$

$$y - y_1 = -\frac{x_1}{y_1}\frac{b^2}{a^2}\,(x - x_1)$$

oder, da die Koordinaten $x_1 y_1$
der Ellipsengleichung (22)

$$\frac{x_1^2}{a^2} + \frac{y_1^2}{b^2} = 1 \quad (22\,\text{a}).$$

$$\frac{y\,y_1}{b^2} + \frac{x\,x_1}{a^2} = 1 \quad \dots \quad \dots \quad \dots \quad (22\,\text{b})$$

Diese Tangente schneidet nun die X-Achse im Punkte T mit der
Abszisse $OT = x_0 = \frac{a^2}{x_1}$. Verbinden wir den Punkt P mit den beiden
Brennpunkten F_1 und F_2, deren Abstände von O durch $\pm\sqrt{a^2 - b^2}$
gegeben sind, und nennen die beiden Brennstrahlen $F_1 P = r_1$, $F_2 P = r_2$,
so ist mit Rücksicht auf (22 a)

$$\left.\begin{aligned}
r_1{}^2 &= y_1{}^2 + (\sqrt{a^2 - b^2} - x_1)^2 = \frac{1}{a^2}\,(a^2 - x_1\sqrt{a^2 - b^2})^2\\[4pt]
r_2{}^2 &= y_1{}^2 + (\sqrt{a^2 - b^2} + x_1)^2 = \frac{1}{a^2}\,(a^2 + x_1\sqrt{a^2 - b^2})^2
\end{aligned}\right\} \quad (23).$$

Anderseits sind die Abstände

$$TF_1 = x_0 - \sqrt{a^2 - b^2} = \frac{1}{x_1}\,(a^2 - x_1\sqrt{a^2 - b^2})^2$$

$$TF_2 = x_0 + \sqrt{a^2 - b^2} = \frac{1}{x_1}\,(a^2 + x_1\sqrt{a^2 - b^2})^2$$

und daher die Lote $F_1 L_1$ und $F_2 L_2$ von den Brennpunkten auf die
Tangente mit der Neigung τ_1

$$\left.\begin{aligned}
l_1 &= TF_1 \sin\tau_1 = \frac{1}{x_1}\,(a^2 - x_1\sqrt{a^2 - b^2})\sin\tau_1\\[4pt]
l_2 &= TF_2 \sin\tau_1 = \frac{1}{x_1}\,(a^2 + x_1\sqrt{a^2 - b^2})\sin\tau_1
\end{aligned}\right\} \quad (24).$$

Setzen wir ferner die Winkel der beiden Brennstrahlen r_1 und r_2 mit der Tangente, nämlich $F_1PL_1 = \gamma_1$, $F_2PL_2 = \gamma_2$, so ist

$$\sin \gamma_1 = \frac{l_1}{r_1} = \frac{a}{x_1} \sin \tau_1 = \frac{l_2}{r_2} = \sin \gamma_2 \quad . \quad . \quad . \quad . \quad (25),$$

d. h. $\gamma_1 = \gamma_2$. **Die Tangente PT schließt daher mit beiden Brennstrahlen denselben Winkel ein bzw. halbiert im Verein mit der Normale PN die Winkel der Brennstrahlen selbst.**

8. Beispiel. Der Leser wird nunmehr leicht die Gleichung der **Hyperbeltangente**

$$\frac{x\,x_1}{a^2} - \frac{y\,y_1}{b^2} = 1 \quad . \quad . \quad . \quad . \quad . \quad . \quad . \quad (26)$$

selbst ableiten und die Gültigkeit des letzten Satzes für deren Schnitt mit den Hyperbelbrennstrahlen zu beweisen in der Lage sein.

§ 9. Grundregeln der Integration.

Ist an Stelle einer Gleichung zwischen zwei Veränderlichen $y = f(x)$ der Differentialquotient oder, wie man wohl auch sagt, die Ableitung von y nach x in der Form

$$\frac{dy}{dx} = f'(x) \quad . \quad . \quad . \quad . \quad . \quad . \quad . \quad (1)$$

gegeben, in der $f'(x)$ selbst irgendeine Funktion von x bedeutet, welche nach Fig. 55 die Neigung der Tangente der Kurve $y = f(x)$ für jeden Wert der Abszisse x bestimmt, so ergibt sich an Hand von Fig. 60 der mit der Ordinatendifferenz $y - y_1$ identische Zuwachs der Funktion $f(x)$ durch Summierung aller Differentiale

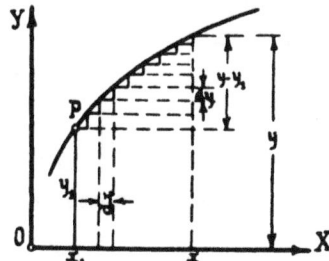

Fig. 60.

$$dy = f'(x) \cdot dx = dx \operatorname{tg} \tau_1 \, . \quad (1\,\mathrm{a}).$$

Da es sich hierbei stets um eine unendlich große Zahl unendlich kleiner Summanden handelt, so benutzt man — wieder nach dem Vorgang von Leibniz — hierfür ein besonderes Summenzeichen $\int$ und schreibt

$$y - y_1 = \int f'(x)\,dx \quad . \quad . \quad . \quad . \quad . \quad (2).$$

Das Ergebnis dieser Summation ist somit die Wieder-
herstellung der Funktion $f(x)$ aus ihrem Differentialquotienten
$f'(x)$, weshalb man dieses Verfahren auch im Gegensatze zu der im
vorigen Paragraph betrachteten Differentiation der Funktion $f(x)$
als die Integration der Funktion $f'(x)$ und den in Gl. (2)
rechts stehenden Ausdruck als das Integral von $f'(x)$ bezeichnet. Auf der linken Seite von (2) steht nun außer dem
Funktionswerte $y = f(x)$ noch die Konstante $y_1 = f(x_1)$, deren
Betrag von der Wahl des Ausgangspunktes P_1 (Fig. 60) der
Summation abhängt und mit dieser im allgemeinen willkürlich
ist. Ersetzen wir diese Konstante daher durch den Buchstaben
— C, so dürfen wir an Stelle von (2) auch schreiben

$$\int f'(x)\,dx = f(x) + C \quad \ldots \ldots \quad (2a)$$

und den Satz aussprechen, daß durch die Integration
eine Funktion bis auf eine willkürliche zusätzliche
Konstante bestimmt ist, die, wie wir im vorigen Paragraphen gesehen haben, bei der Differentiation wieder verschwindet.

Aus der Verbindung der Formeln (6) und (6a) des vorigen
Paragraphen folgt ferner ganz allgemein

$$\int a f'(x)\,dx = a f(x) + C = a \int f'(x)\,dx + C \quad . \quad (3),$$

d. h. ein konstanter Faktor unter dem Integralzeichen kann stets vor dieses gesetzt werden.

Da die Integration somit lediglich die Umkehrung der Differentiation darstellt, so folgt z. B.
für $y = a x^n + C$

$$\frac{dy}{dx} = n a x^{n-1}$$

oder

$$y = \int n a x^{n-1}\,dx$$

und nach Herausnahme des konstanten Faktors $a n$

$$\frac{y}{a n} = \int x^{n-1}\,dx.$$

Setzen wir hierin $n - 1 = m$, also $y = a x^{m+1} + C$, so folgt
daraus für das Integral einer Potenz

$$\int x^m dx = \frac{x^{m+1}}{m+1} + \frac{C}{a(m+1)} = \frac{x^{m+1}}{m+1} + C_1 \quad . \quad (4),$$

worin C_1 eine ebenso willkürliche Konstante ist wie C. Die Gl. (4) gilt ebenso wie die Regel für die Differentiation einer Potenz für alle reellen Werte des Exponenten m bis auf $m = -1$, also $m + 1 = 0$, womit die rechte Seite von (4) ohne Rücksicht auf den Wert von x unendlich groß werden würde. Auf diesen Ausnahmefall werden wir später ausführlich zurückkommen.

Ist der Differentialquotient in der Form

$$\frac{dy}{dx} = \pm \frac{f'(x)}{F'(y)}$$

gegeben, so dürfen wir hierfür nach Gl. (7) und (7a) auch schreiben

$$f'(x)\,dx \mp F'(y)\,dy = 0$$

oder unter Hinzufügung der willkürlichen Konstanten C.

$$\int [f'(x)\,dx \mp F'(y)\,dy] = f(x) \mp F(y) + C$$

$$\int [f'(x)\,dx \mp F'(y)\,dy] = \int f'(x)\,dx \mp \int F'(y)\,dy + C \quad . \quad (5),$$

d. h. man integriert nach Trennung der Funktionen beider Veränderlichen über jede derselben, womit zugleich der Satz bewiesen ist, daß das Integral der Summe oder Differenz zweier Funktionen gleich der Summe oder Differenz der Einzelintegrale dieser Funktionen ist.

1. Beispiel. So liefert die Gleichung

$$\frac{dy}{dx} = -\frac{x}{y}$$

oder

$$x\,dx + y\,dy = 0$$

durch Integration nach (4) und (5)

$$\frac{x^2}{2} + \frac{y^2}{2} = C$$

oder mit $2\,C = a^2$

$$x^2 + y^2 = a^2,$$

also die Gleichung eines Kreises.

Häufig ist die vorgelegte Ableitung $\frac{dy}{dx} = F'(x)$ keine so einfache Funktion von x, daß man ihr Integral sofort als Umkehrung erkennt. In diesem Falle empfiehlt sich die Einführung (Substitution) einer neuen Veränderlichen u, welche mit x durch die Beziehung

$$x = f(u)$$

zusammenhängt, aus der
$$dx = f'(u)\, du$$
folgt. Damit wird dann das gesuchte Integral
$$y = \int F'(x)\, dx = \int F'\,[f(u)]\, f'(u)\, du \quad . \quad . \quad . \quad (6),$$
in dem natürlich der Ausdruck $F'\,[f(u)]\, f'(u)$ einfacher aus-
fallen, d. h. bequemer zu integrieren sein muß als $F'(x)$, wenn
die Substitution von u von Nutzen sein soll.

2. Beispiel. Setzt man in dem Integrale
$$y = \int (a + bx)^m dx \quad . \quad . \quad . \quad . \quad . \quad . \quad (7)$$
$$a + bx = u,$$
oder
$$x = f(u) = \frac{u-u}{b}, \quad dx = \frac{du}{b}$$
so folgt analog (4)
$$y = \frac{1}{b} \int u^m du = \frac{u^{m+1}}{b(m+1)} + C = \frac{(a+bx)^{m+1}}{b(m+1)} + C \quad (7\,\mathrm{a}).$$

Eine weitere Vereinfachung von Integralen erzielt man ge-
legentlich durch Umkehrung der Produktenregel für die Differentiation, Gl. (13) bis (13 d) des vorigen Paragraphen, für die wir
mit $y = uv$ unter Kürzung des in den Nennern stehenden Differentials dx schreiben dürfen
$$d(uv) = u\, dv + v\, du$$
oder integriert unter Weglassung der zusätzlichen Konstanten
$$uv = \int u\, dv + \int v\, du.$$
Daraus folgt umgekehrt
$$\int u\, dv = uv - \int v\, du \quad . \quad . \quad . \quad . \quad (8),$$
worin u und v beliebige Funktionen einer und derselben Veränderlichen x sein können. Die hierdurch ausgedrückte Regel
bezeichnet man als die Integration nach Teilen oder als
teilweise Integration.

3. Beispiel. Hiernach setzen wir in
$$y = \int (a + bx)^m x\, dx \quad . \quad . \quad . \quad . \quad . \quad (9)$$
$$(a + bx)^m dx = dv, \quad u = x$$
also
$$y = \int x\, dv = xv - \int v\, dx$$
oder mit Rücksicht auf das 2. Beispiel
$$y = \frac{x(a+bx)^{m+1}}{b(m+1)} - \int \frac{(a+bx)^{m+1}}{b(m+1)}\, dx$$

Hierin aber kann das zweite Integral rechts wieder nach dem zweiten Beispiel ausgeführt werden, so daß wir schließlich erhalten

$$y = \int (a+bx)^m \, x \, dx = \frac{x(a+bx)^{m+1}}{b\,(m+1)} - \frac{(a+bx)^{m+2}}{b^2(m+1)(m+2)} + C \quad (9\text{a}).$$

4. Beispiel. Ist dagegen

$$y = \int (a+bx^2)^m \, x \, dx \quad \cdots \quad \cdots \quad \cdots \quad (10)$$

vorgelegt, so setze man

$$x^2 = u, \quad x \, dx = \frac{1}{2}\,du$$

und erhält mit Rücksicht auf das 2. Beispiel. ohne teilweise Integration

$$y = \frac{1}{2}\int (a+bu)^m \, du = \frac{(a+bu)^{m+1}}{2\,b\,(m+1)} + C = \frac{(a+bx^2)^{m+1}}{2\,b\,(m+1)} + C \quad (10\text{a}).$$

Weitere Anwendungen ergeben sich aus der Umkehrung der Formeln im 5. Beispiel des Paragraphen 8.

Multiplizieren wir die Ordinate y einer Kurve BP (Fig. 61) mit dem auch als Element bezeichneten Differential dx der Abszisse, so stellt dieses Produkt $y\,dx$ den unendlich schmalen, in Fig. 61 schraffierten Flächenstreifen AP zwischen der Kurve und der Abszissenachse dar. Danach ist

$$F_x = \int y \, dx \quad \cdots \quad (11)$$

bis auf eine willkürliche Konstante die Fläche $OAPB$, weshalb man die Integration auch manchmal nach

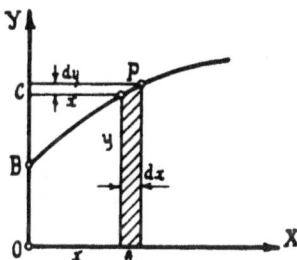

Fig. 61.

Newton als Quadratur bezeichnet. Durch Anwendung der teilweisen Integration auf (11) erhält man weiter

$$F_x = y\,x - \int x \, dy = xy - F_y \quad \cdots \quad (11\text{a}),$$

worin

$$F_y = \int x \, dy \quad \cdots \quad \cdots \quad (11\text{b})$$

offenbar die Fläche BPC bedeutet, die sich somit mit $OAPB$ zu dem Rechteck $OAPC = xy$ ergänzt.

Aus den Formeln (11) und (11b) folgt durch Umkehrung

$$y = \frac{dF_x}{dx}, \quad x = \frac{dF_y}{dy} \quad \cdots \quad \cdots \quad (11\text{c}),$$

wonach also die Ordinate bzw. die Abszisse einer Kurve als

Differentialquotienten ihrer Fläche über der Abszissen- bzw. Ordinatenachse erscheinen.

Bei der Ausführung der Integration in Gl. (11) ist natürlich vorausgesetzt, daß $y = f(x)$ als Funktion von x vorgelegt ist, wonach sich dann auch das Integral, d. h. die Fläche

$$F_x = F(x) + C \quad \ldots \ldots \quad (12)$$

als eine Funktion des Wertes von x ergibt, bis zu dem sich die Summierung der Flächenstreifen $y\,dx$ erstreckt, während die Konstante C, wie wir oben sahen, durch die Anfangsabszisse der Summierung gegeben ist. Bezeichnen wir den Endwert einmal mit x_1, dann mit x_2, so erhalten wir durch die Integration zwei Flächen

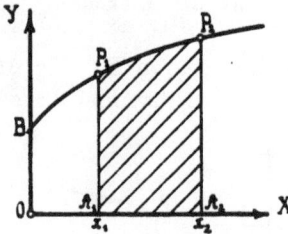

Fig. 62.

$$O A_1 P_1 B = F_{x_1} = F(x_1) + C$$
$$O A_2 P_2 B = F_{x_2} = F(x_2) + C,$$

deren Differenz die in Fig. 62 schraffierte Fläche $A_1 A_2 P_2 P_1$ darstellt, für die wir somit auch

$$F_{12} = F(x_2) - F(x_1)$$

unter Wegfall der Konstanten C schreiben können. Wir erhalten also die zwischen zwei Abszissenendpunkten liegende Fläche, wenn wir die Werte des Integrals (11) für die beiden sog. Grenzen x_1 und x_2 voneinander abziehen, was wir durch die Schreibweise

$$F(x_2) - F(x_1) = \int_{x_1}^{x_2} y\,dx \quad \ldots \ldots \quad (13)$$

andeuten, in der wir das Integral als ein bestimmtes bezeichnen. Man übersieht sofort, daß diese Betrachtung nicht nur für die Flächenberechnung gilt, sondern daß man durch Einschließen zwischen zwei Grenzen bestimmte Integrale beliebiger Funktionen $y = f(x)$ nach der Formel (13) erhält.

5. Beispiel. Die Fläche OAP zwischen der Parabel $y^2 = 2px$ und der Abszissenachse (Fig. 63) berechnet sich hiernach zu

$$F_{x_1} = \int_0^{x_1} y\,dx = \sqrt{2p} \int_0^{x_1} x^{\frac{1}{2}}\,dx = \frac{2}{3}\sqrt{2p}\,x_1^{\frac{3}{2}} = \frac{2}{3}x_1 y_1 \quad . \quad (14),$$

d. h. zu 2/3 des Rechtecks $OAPB$, während die Fläche $A_1A_2P_2P_1$ auf gleiche Weise

$$F_{1\,2} = \int_{x_1}^{x_2} y\,dx = \frac{2}{3}(x_2 y_2 - x_1 y_1) \quad \ldots \ldots \quad (14\,\text{a})$$

wird, also 2/3 der Differenz der Rechtecke $OA_2P_2B_2$ und $OA_1P_1B_1$ beträgt.

6. Beispiel. Die zwischen den Abszissen x_1 und x_2 einer sog. polytropischen Kurve

$$y\,x^\mu = y_1\,x_1{}^\mu \quad \ldots \ldots \ldots \ldots \quad (15)$$

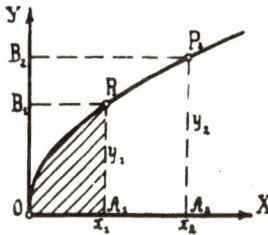 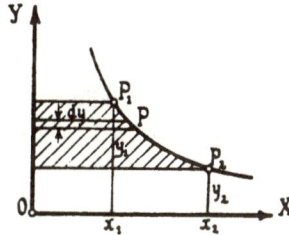

Fig. 63.   Fig. 64.

und der Ordinatenachse eingeschlossene, in Fig. 64 schraffierte Fläche ist

$$F = \int_{y_2}^{y_1} x\,dy = -\mu\,y_1\,x_1{}^\mu \int_{x_2}^{x_1} x^{-\mu}\,dx = \frac{\mu}{\mu-1}\,y_1 x_1{}^\mu (x_1{}^{1-\mu} - x_2{}^{1-\mu})$$

oder

$$F = \frac{\mu}{\mu-1}\,x_1\,y_1\left(1 - \left[\frac{x_1}{x_2}\right]^{\mu-1}\right) = \frac{\mu\,x_1\,y_1}{\mu-1}\left(1 - \left[\frac{y_2}{y_1}\right]^{\frac{\mu-1}{\mu}}\right)\ (15\,\text{a}).$$

Die durch Gl. (15) gegebene Kurve spielt mit dem Ausdrucke für ihre Fläche eine große Rolle in der Wärmelehre, da durch sie mit verschiedenen Werten des Exponenten μ die Zustandsänderungen von Gasen, d. h. der Zusammenhang zwischen deren Druck y und Volumen x der Gewichtseinheit dargestellt werden

§ 10. Höhere Differentialquotienten und Potenzreihen.

Da der Differentialquotient einer Funktion $y = f(x)$, d. h.

$$\frac{dy}{dx} = y' = f'(x) \quad \ldots \ldots \ldots \quad (1),$$

wie schon in § 8 betont wurde, selbst wieder eine Funktion von x ist, so kann er, wie $f(x)$ selbst, ebenfalls nach x differentiert werden, woraus der sog. zweite Differentialquotient

$$\frac{d}{dx}\left(\frac{dy}{dx}\right) = \frac{dy'}{dx} = \frac{df'(x)}{dx} \quad \ldots \quad \ldots \quad (1\,\text{a})$$

resultiert, für den man mit $d(dy) = d^2y$ und $dx\,dx = dx^2$ sowie unter Benutzung von zwei Strichen analog dem einen in Gl. (1) auch schreibt

$$\frac{d^2y}{dx^2} = y'' = f''(x) \quad \ldots \quad \ldots \quad \ldots \quad (1\,\text{b}).$$

Wiederholt man das Verfahren an dieser Formel, so ergibt sich der dritte Differentialquotient

$$\frac{d^3y}{dx^3} = y''' = f'''(x) \quad \ldots \quad \ldots \quad \ldots \quad (1\,\text{c})$$

und schließlich bei n-maliger Wiederholung der **n-te Differential-quotient** oder **die n-te Ableitung**

$$\frac{d^ny}{dx^n} = y^{(n)} = f^{(n)}(x) \quad \ldots \quad \ldots \quad (1\,\text{d}).$$

Die in diesen höheren Ableitungen auftretenden Differentiale oder Elemente d^2y, $d^3y \ldots d^n y$ bezeichnet man demgemäß als **Differentiale zweiter, dritter, n-ter Ordnung**, da sie mit den Potenzen gleicher Ordnung $dx^2 = (dx)^2$, $dx^3 = (dx)^3$, $\ldots$ $dx^n = (dx)^n$ dividiert endliche Werte, nämlich die entsprechenden Differentialquotienten, ergeben. Es braucht wohl kaum bemerkt zu werden, daß für die Berechnung einer höheren Ableitung aus der nächst niederen dieselben Regeln gelten wie für diejenige des ersten Differentialquotienten aus der Funktion selbst.

1. **Beispiel.** Daher erhält man aus $y = a\,x^n$ mit ganzen positiven Exponenten n

$$\left.\begin{array}{l} y' = \dfrac{dy}{dx} = a\,n\,x^{n-1} \\[2mm] y'' = \dfrac{d^2y}{dx^2} = a\,(n-1)\,n\,x^{n-2} \\[2mm] y''' = \dfrac{d^3y}{dx^3} = a\,(n-2)(n-1)\,n\,x^{n-3} \\[2mm] \cdot \qquad\qquad\qquad \cdot \\[1mm] y^{(n)} = \dfrac{d^ny}{dx^n} = a\,n!\,x^{n-n} = a\,n! \end{array}\right\} \quad \ldots \quad (2),$$

wenn das Produkt $1 \cdot 2 \cdot 3 \ldots n = n!$ gesetzt wird. Bei der Fortsetzung des Verfahrens erhält man $y^{(n+1)} = 0$ und damit verschwinden alle weiteren Ableitungen. Ist dagegen der Exponent n keine ganze positive Zahl, so hat die Reihe der höheren Ableitungen kein Ende, da es einen n-ten Differentialquotienten hierbei gar nicht geben kann.

2. Beispiel. Ist umgekehrt ein höherer Differentialquotient, also etwa

$$\frac{d^3y}{dx^3} = y''' = f'''(x) \quad \ldots \ldots \ldots \quad (3)$$

vorgelegt, worin

$$\frac{d^3y}{dx^3} = \frac{d}{dx}\left(\frac{d^2y}{dx^2}\right) = \frac{dy''}{dx} \text{ oder } dy'' = y'''dx = f'''(x)\,dx$$

ist, so folgt daraus durch Integration unter Hinzufügung einer Konstanten C_1

$$y'' = \int f'''(x)\,dx + C_1 = f''(x) + C_1$$

und durch weitere Integration wegen $dy' = y''dx$ mit einer zweiten Konstanten C_2

$$y' = \int [f''(x) + C_1]\,dx = f'(x) + C_1 x + C_2.$$

Integrieren wir schließlich noch diesen Ausdruck mit $dy = y'dx$, so wird mit einer dritten Konstante C_3

$$y = \int [f'(x) + C_1 x + C_2]\,dx + C_3$$

oder

$$y = f(x) + \frac{C_1 x^2}{2} + C_2 x + C_3 . \quad \ldots \ldots \quad (3\,\mathrm{a}),$$

d. h. durch jede Integration vermehrt sich der Ausdruck um ein neues mit einer Konstanten behaftetes Glied.

Die Einfachheit in der Behandlung von Potenzen einer Veränderlichen legt es nahe, beliebige Funktionen durch Summen solcher Potenzen mit ganzzahligen positiven Exponenten und konstanten Koeffizienten $A_0 A_1 A_2 \ldots A_n$ darzustellen, also

$$y = f(x) = A_0 + A_1 x + A_2 x^2 + \ldots + A_k x^k + \ldots + A_n x^n \quad (4)$$

zu schreiben. Alsdann bestimmt sich der erste Koeffizient A_0 dieser sog. Potenzreihe dadurch, daß für $x = 0$ alle weiteren Glieder verschwinden, während $f(x) = f(0)$ wird, d. h. den Wert der Funktion für $x = 0$ annimmt, zu

$$A_0 = f(0).$$

Differentieren wir die Gl. (4) einmal, so folgt unter Wegfall von A_0

$$y' = f'(x) = A_1 + 2A_2 x + \ldots + kA_k x^{k-1} + \ldots + nA_n x^{n-1}$$

und für $x = 0$ nach Verschwinden aller höheren Glieder

$$A_1 = f'(0).$$

6*

Setzen wir dieses Verfahren fort, so erhalten wir

$$1 \cdot 2\, A_2 \;=\; 2!\, A_2 = f''(0)$$
$$1 \cdot 2 \cdot 3\, A_3 = 3!\, A_3 = f'''(0)$$

$$1 \cdot 2 \cdot 3 \ldots k\, A_k = k!\, A_k = f^{(k)}(0)$$

$$1 \cdot 2 \cdot 3 \ldots n\, A_n = n!\, A_n = f^{(n)}(0),$$

so daß wir auch für die Potenzreihe (4) schreiben dürfen

$$y = f(x) = f(0) + \frac{x}{1!} f'(0) + \frac{x^2}{2!} f''(0) + \cdots \frac{x^k}{k!} f^k(0) \cdots + \frac{x^n}{n!} f^{(n)}(0) \ (4\,\text{a}).$$

Diese Reihe bricht mit dem n-ten Gliede ab, wenn $f^{(n)}(x) = \text{konst}$ wird, andernfalls wird die Zahl ihrer Glieder unendlich groß. Ihre Bildung beruht natürlich auf der Voraussetzung, daß alle Ableitungen für $x = 0$ endliche Werte annehmen.

     3. Beispiel. Ist z. B. die Funktion $y = (a + bx)^n$ vorgelegt, so folgt

$$f(x) = (a + bx)^n, \quad f(0) = a^n,$$
$$f'(x) = nb(a + bx)^{n-1}, \quad f'(0) = n\,a^{n-1}b,$$
$$f''(x) = n(n-1)\,b^2(a + bx)^{n-2}, \quad f''(0) = n(n-1)\,a^{n-2}b^2,$$
$$f^{(k)}(x) = n(n-1)(n-2)\ldots(n-k+1)\,b^k(a + bx)^{n-k},$$
$$f^{(k)}(0) = n(n-1)\ldots(n-k+1)\,a^{n-k}b^k \quad \text{usw.}$$

Schreiben wir abkürzungsweise

$$\frac{n(n-1)(n-2)\ldots(n-k+1)}{k!} = \binom{n}{k} \quad \ldots \quad 5)$$

(gesprochen n über k), so erhalten wir die Potenzreihe

$$(a + bx)^n = a^n + \binom{n}{1}a^{n-1}bx + \binom{n}{2}a^{n-2}b^2x^2 + \ldots + \binom{n}{k}a^{n-k}b^kx^k + \cdots (6),$$

welche für ganz positive n mit dem Gliede $\binom{n}{n} \cdot b^n x^n = b^n x^n$ abbricht, für negative und gebrochene Exponenten n dagegen unendlich viele Glieder besitzt. Für $x = 1$ vereinfacht sich (6) in die sog. Binomialreihe

$$(a + b)^n = a^n + \binom{n}{1}a^{n-1}b + \binom{n}{2}a^{n-2}b^2 + \cdots + \binom{n}{k}a^{n-k}b^k + \cdots \quad (6\,\text{a}),$$

in der die Faktoren

$$\binom{n}{1}, \quad \binom{n}{2} \, \cdots \, \binom{n}{k} \, \cdots$$

als Binomialkoeffizienten bezeichnet werden, während der ganze Ausdruck (6a) den sog. binomischen Lehrsatz der Entwickelbarkeit der Potenz eines Binoms in eine Reihe darstellt.

     4. Beispiel. Schreiben wir den Ausdruck (6) in der Form

$$y = (a + bx)^n = a^n \left(1 + \frac{bx}{a}\right)^n \quad \ldots \quad \ldots \quad (7)$$

und setzen abkürzungsweise

$$\frac{bx}{a} = u \quad \ldots \quad \ldots \quad \ldots \quad (7\,a),$$

so folgt

$$\frac{y}{a^n} = (1 + u)^n = 1 + \binom{n}{1} u + \binom{n}{2} u^2 + \cdots \quad \ldots \quad (8b).$$

Ist hierin u absolut stets viel kleiner als 1, so trifft dies in noch viel höherem Maße für u^2, u^3 usw. zu, so daß auch die damit behafteten Glieder sehr klein gegen die Einheit ausfallen und bei angenäherten Rechnungen, die in der Physik eine große Rolle spielen, vernachlässigt werden dürfen. Demgemäß bezeichnet man

$$(1 + u)^n \curvearrowright 1 + nu \quad \ldots \quad \ldots \quad \ldots \quad (7\,c)$$

als die **erste Annäherung** und

$$(1 + u)^n \curvearrowright 1 + nu + \frac{n(n-1)}{2} u^2 \quad \ldots \quad \ldots \quad (7\,d)$$

als die **zweite Annäherung** der Funktion $(1 + u)^n$ für $u < 1$. Hiernach ist z. B. in erster Annäherung für $u < 1$

$$\sqrt{1 \pm u} = 1 \pm \frac{u}{2}$$

$$\frac{1}{1 \pm u} = 1 \mp u \quad \text{usw.}$$

5. **Beispiel.** Setzen wir in der Reihe

$$(1 + x)^n = 1 + nx + \frac{n(n-1)}{2!} x^2 + \cdots + \frac{n(n-1)\cdots(n-k+1)}{k!} x^k + \cdots$$

$$x = \frac{1}{n}$$

so geht sie über in

$$\left(1 + \frac{1}{n}\right)^n = 1 + 1 + \frac{1 \cdot \left(1 - \frac{1}{n}\right)}{2!} + \cdots + \frac{1 \cdot \left(1 - \frac{1}{n}\right)\cdots\left(1 - \frac{k+1}{n}\right)}{k!} + \cdots (8).$$

Lassen wir hierin n immer mehr wachsen, so werden die Brüche

$$\frac{1}{n}, \quad \frac{2}{n} \cdots \frac{k+1}{n} \cdots$$

immer kleiner gegen 1 und verschwinden schließlich für die Grenze $n = \infty$, so daß wir für diesen Fall die unendliche Reihe

$$\lim_{n = \infty} \left(1 + \frac{1}{n}\right)^n = 1 + 1 + \frac{1}{2!} + \frac{1}{3!} + \frac{1}{4!} + \cdots + \frac{1}{k!} + \cdots \quad (8\,a)$$

erhalten, deren Glieder ersichtlich rasch abnehmen. Die hierdurch bestimmte irrationale Zahl, deren Bedeutung in der Folge noch hervortreten wird, bezeichnet man mit dem Buchstaben e und erhält dafür durch Summierung einiger Glieder

$$e = \lim_{n=\infty} \left(1 + \frac{1}{n}\right)^n = 2{,}7182818 \ldots \ldots \quad (8\,\mathrm{b}).$$

6. **Beispiel.** Ist die zweite Ableitung einer Funktion in der Form

$$y'' = \frac{dy'}{dx} = \frac{d^2 y}{dx^2} = k\,y \quad \ldots \ldots \ldots \quad (9)$$

gegeben, so folgt daraus durch Multiplikation mit dy wegen $dy = y'\,dx$

$$y'\,dy' = k\,y\,dy$$

oder integriert mit einer Konstante C

$$y'^2 = k\,y^2 + C \ldots \ldots \ldots \ldots \quad (9\,\mathrm{a}).$$

Setzen wir nun fest, daß für $x = 0$, $y = y_0$ sein soll und schreiben außerdem $k = a^2$ für positive k, so folgt für $x = 0$,

$$\left.\begin{aligned}
y' &= \sqrt{a^2 y^2 + C} = \sqrt{a^2 y_0^2 + C}\\
y'' &= a^2 y &&= a^2 y_0\\
y''' &= a^2 y' &&= a^2 \sqrt{a^2 y_0^2 + C}\\
y^{(\mathrm{IV})} &= a^2 y'' &&= a^4 y_0
\end{aligned}\right\} \text{usw.} \quad . \quad (9\,\mathrm{b})$$

und wir erhalten als Integral von (9), d. h. von $y'' = a^2 y$ mit Rücksicht auf Gl. (4a) die Potenzreihe

$$y = y_0 \left(1 + \frac{a^2 x^2}{2!} + \frac{a^4 x^4}{4!} + \frac{a^6 x^6}{6!} \ldots \ldots\right)$$

$$+ \frac{\sqrt{a^2 y_0^2 + C}}{a} \left(a x + \frac{a^3 x^3}{3!} + \frac{a^5 x^5}{5!} \ldots \ldots\right) \ldots \quad (9\,\mathrm{c})$$

mit den beiden willkürlichen Konstanten y_0 und C. Ist dagegen k in Gl. (9) negativ, so hätten wir dafür zu setzen $k = -a^2$ und erhalten damit als Integral von $y'' = -a^2 y$ die Reihe

$$y = y_0 \left(1 - \frac{a^2 x}{2!} + \frac{a^4 x^4}{4!} - \frac{a^6 x^6}{6!} + \ldots \ldots\right)$$

$$+ \frac{\sqrt{C - a^2 y_0^2}}{a} \left(a x - \frac{a^3 x^3}{3!} + \frac{a^5 x^5}{5!} - \ldots\right) \quad . \quad (9\,\mathrm{d}).$$

Die Bedeutung der in Klammern stehenden Reihen werden wir noch kennen lernen.

§ 11. Exponentialfunktionen und Logarithmen.

Der Differentialquotient der Exponentialfunktionen

$$y = a^x \ldots \ldots \ldots \ldots \quad (1),$$

in der a eine beliebige Konstante bedeutet, ist nach § 8

$$\frac{dy}{dx} = \lim \frac{y - y_1}{x - x_1} = \lim \frac{a^x - a^{x_1}}{x - x_1} = a^{x_1} \lim \frac{a^{x - x_1} - 1}{x - x_1} \quad (1\,\mathrm{a}).$$

Da hierin a^{x-x_1} für immer kleiner werdende Differenzen $x - x_1$ sich der Grenze 1 nähert, so dürfen wir noch vor dem Grenzübergang mit einer großen Zahl n

$$a^{x-x_1} - 1 = \frac{1}{n} \quad \ldots \ldots \ldots \quad (2)$$

$$a^{x-x_1} = 1 + \frac{1}{n}$$

und daher

$$(x - x_1)\lg a = \lg\left(1 + \frac{1}{n}\right) \quad \ldots \ldots \quad (2\,\mathrm{a})$$

setzen, ohne zunächst über die Basis dieser Logarithmen etwas auszusagen. Dies liefert also in (1a) eingeführt

$$\frac{dy}{dx} = \frac{a^{x_1}\lg a}{\lim\left[n \lg\left(1 + \frac{1}{n}\right)\right]} = \frac{a^{x_1}\lg a}{\lim\left[\lg\left(1 + \frac{1}{n}\right)^n\right]}$$

oder nach dem Grenzübergange, d. h. für $x = x_1$ und $n = \infty$ mit Rücksicht auf die Gl. (8b) im 5. Beispiel des § 10

$$\frac{dy}{dx} = a^x \frac{\lg a}{\lg e} \quad \ldots \ldots \ldots \quad (3).$$

Wählen wir nun als Basis des Logarithmensystems die oben definierte Zahl $e = 2{,}71828..$, so wird deren Logarithmus selbst $= 1$, und wir erhalten, indem wir die so definierten Logarithmen als natürliche durch lgn bezeichnen, an Stelle von (1b)

$$y' = \frac{dy}{dx} = \frac{d(a^x)}{dx} = a^x \lgn a \quad \ldots \ldots \quad (3\,\mathrm{a})$$

oder umgekehrt

$$\int a^x dx = \frac{a^x}{\lgn a} + C \quad \ldots \ldots \quad (3\,\mathrm{b}).$$

Ist im Sonderfalle $a = e$, so folgt aus $y = e^x$

$$y' = \frac{dy}{dx} = \frac{d(e^x)}{dx} = e^x \quad \ldots \ldots \quad (3\,\mathrm{c})$$

und umgekehrt

$$\int e^x dx = e^x + C \quad \ldots \ldots \quad (3\,\mathrm{d}).$$

1. Beispiel: Aus $y = f(x) = a^x$ folgt zunächst $f(0) = a^0 = 1$ und durch Differentiation für $x = 0$

$$y' = f'(x) = a^x \lgn a, \quad f'(0) = \lgn a$$
$$x'' = f''(x) = a^x (\lgn a)^2, \quad f''(0) = (\lgn a)^2.$$

Dies liefert mit der Gl. (4a) des § 10 die unendliche Potenzreihe

$$a^x = 1 + \frac{x}{1} \lg n\, a + \frac{x^2}{2!} (\lg n\, a)^2 + \frac{x^3}{3!} (\lg n\, a)^3 + \quad . \quad . \quad (4),$$

aus der für $a = e$ mit $\lg n\, e = 1$

$$e^x = 1 + \frac{x}{1} + \frac{x^2}{2!} + \frac{x^3}{3!} + \quad . \quad . \quad . \quad . \quad . (4a)$$

und schließlich für $x = 1$ wieder die Reihe (8a) § 10 hervorgeht.

2. Beispiel. Setzen wir in Gl. (4a) $\pm\, \alpha x$ an Stelle von x, so erhalten wir

$$\left.\begin{aligned} e^{\alpha x} &= 1 + \frac{\alpha x}{1} + \frac{\alpha^2 x^2}{2!} + \frac{\alpha^3 x^3}{3!} + \frac{\alpha^4 x^4}{4!} + \cdots \\ e^{-\alpha x} &= 1 - \frac{\alpha x}{1} + \frac{\alpha^2 x^2}{2!} - \frac{\alpha^3 x^3}{3!} + \frac{\alpha^4 x^4}{4!} - \cdots \end{aligned}\right\} \quad . \quad . \quad (5).$$

Durch Addition und Subtraktion dieser beiden Gleichungen ergibt sich

$$\left.\begin{aligned} \frac{e^{\alpha x} + e^{-\alpha x}}{2} &= 1 + \frac{\alpha^2 x^2}{2!} + \frac{\alpha^4 x^4}{4!} + \cdots \\ \frac{e^{\alpha x} - e^{-\alpha x}}{2} &= \frac{\alpha x}{1} + \frac{\alpha^3 x^3}{3!} + \frac{\alpha^5 x^5}{5!} + \cdots \end{aligned}\right\} \quad . \quad . \quad (5a)$$

Dies sind aber die beiden Reihen in der Gl. (9c) des sechsten Beispiels von § 10, so daß wir an deren Stelle als Integral von $y'' = \alpha^2 y$ auch

$$y = \frac{y_0}{2} (e^{\alpha x} + e^{-\alpha x}) + \frac{\sqrt{\alpha^2 y_0^2 + C}}{2\alpha} (e^{\alpha x} - e^{-\alpha x})$$

schreiben dürfen. Setzen wir hierin abkürzungsweise

$$\frac{\alpha y_0 + \sqrt{\alpha^2 y_0^2 + C}}{2\alpha} = A, \quad \frac{\alpha y_0 - \sqrt{\alpha^2 y_0^2 + C}}{2\alpha} = B,$$

substituieren also an Stelle der Konstanten y_0 und C die ebenso willkürlichen Werte A und B, so lautet das Integral von $y'' = \alpha^2 y$

$$y = A e^{\alpha x} + B e^{-\alpha x} \quad . \quad . \quad . \quad . \quad . \quad . (6),$$

von dessen Richtigkeit man sich noch durch zweimalige Ableitung überzeugen kann. Auf dieselbe Weise erhält man mit $\sqrt{-1} = i$ an Stelle der Gl. (9d) § 10 als Lösung von $y'' = -\alpha^2 y$

$$y = A' e^{\alpha i x} + B' e^{-\alpha i x} \quad . \quad . \quad . \quad . \quad . (6a).$$

Diese Umformung sowie die Bestimmung der Konstanten A' und B' aus y_0 und C der Gl. (9d) § 10 möge dem Leser als Übung überlassen bleiben.

Die Funktion

$$y = \lg n\, x \quad . \quad . \quad . \quad . \quad . \quad . \quad . (7)$$

ist nach dem Vorstehenden nichts als die Umkehrung von $x = e^y$, deren Differentiation

$$\frac{dx}{dy} = e^y = x$$

oder

$$\frac{dy}{dx} = \frac{d(\lg n\, x)}{dx} = \frac{1}{x} \quad \dots \dots \quad (7\,\text{a})$$

ergibt, woraus wiederum

$$\int \frac{dx}{x} = \lg n\, x + C \quad \dots \dots \quad (7\,\text{b})$$

folgt. Damit ist zugleich der in der Bemerkung zur Gl. (4) des § 9 erwähnte Ausnahmefall der Integration von $f'(x) = x^{-1}$ erledigt, der anscheinend einen unendlichen Betrag lieferte.

Haben wir an Stelle von (7) allgemeiner

$$y = \lg n\, u, \quad u = f(x) \quad \dots \dots \quad (8),$$

so folgt nach den Regeln des § 8

$$\frac{dy}{dx} = \frac{dy}{du}\frac{du}{dx} = \frac{1}{u}\frac{du}{dx} = \frac{f'(x)}{f(x)} \quad \dots \dots \quad (8\,\text{a})$$

und umgekehrt

$$\int \frac{f'(x)\,dx}{f(x)} = \lg n\, f(x) + C \quad \dots \dots \quad (8\,\text{b}).$$

Steht also unter dem Integralzeichen ein Bruch, dessen Zähler die Ableitung des Nenners bildet, beides als Funktionen von x gedacht, so ist das Integral bis auf eine willkürliche Konstante der natürliche Logarithmus des Nenners.

Sind u und v zwei Funktionen der Veränderlichen x, so war nach dem Multiplikationssatze des § 8

$$d(uv) = v\,du + u\,dv$$

oder nach Division mit uv

$$\frac{d(uv)}{uv} = \frac{du}{u} + \frac{dv}{v}.$$

Dies liefert integriert

$$\int \frac{d(uv)}{uv} = \int \frac{du}{u} + \int \frac{dv}{v}$$

oder nach (8b)

$$\lg n\,(uv) = \lg n\, u + \lg n\, v \quad \dots \dots \quad (8\,\text{c})$$

ein Ergebnis, welches nichts anderes als die bekannte Fundamentaleigenschaft der Logarithmen als Exponenten ihrer Basis, die in unserem Falle die Zahl *e* ist, ausdrückt und ohne weiteres auf das Produkt beliebig vieler Funktionen *u, v, w* usw. ausgedehnt werden kann.

Ist das Integral

$$y = \int \lg n\, x\, dx$$

auszuwerten, so hat man nach den Regeln der partiellen Integration

$$\int \lg n\ x\, dx = x \lg n\, x - \int x\, d(\lg n\, x)$$

$$= x \lg n\, x - \int dx = x(\lg n\, x - 1) + C \quad (9).$$

3. **Beispiel**. Versuchen wir nach den Regeln des § 10 die Funktion $y = \lg n\, x$ in eine Potenzreihe zu entwickeln, so erhalten wir wegen $f(0) = -\infty$, $f'(0) = \infty$ usw. lauter unendlich große Glieder im Einklang mit der Integration von x^{-1} nach der Potenzregel, so daß dieses Verfahren hier versagt. Schreiben wir dagegen $a + x$ für x, so folgt für $x = 0$

$$y\ = \lg n\,(a + x), \quad f(0)\ = \lg n\, a$$

$$y'\ = \frac{1}{a + x}, \quad f'(0)\ = \frac{1}{a}$$

$$y'' = -\frac{1}{(a+x)^2}, \quad f''(0) = -\frac{1}{a^2}$$

$$y''' = \frac{2}{(a+x)^3}, \quad f'''(0) = \frac{2}{a^3}$$

$$y^{(IV)} = -\frac{2 \cdot 3}{(a+x)^4}, \quad f^{IV}(0) = -\frac{2 \cdot 3}{a^4} \text{ usw.}$$

Mithin erhalten wir

$$\lg n\,(a + x) = \lg n\, a + \frac{x}{a} - \frac{x^2}{2a^2} + \frac{x^3}{3a^3} - \frac{x^4}{4a^4} + \frac{x^5}{5a^5} - \cdots \quad (10)$$

und ebenso

$$\lg n\,(a - x) = \lg n\, a - \frac{x}{a} - \frac{x^2}{2a^2} - \frac{x^3}{3a^3} - \frac{x^4}{4a^4} - \frac{x^5}{5a^5} - \cdots \quad (10a)$$

Durch Subtraktion dieser Gleichungen ergibt sich dann

$$\frac{1}{2} \lg n\, \frac{a + x}{a - x} = \frac{x}{a} + \frac{x^3}{3a^3} + \frac{x^5}{5a^5} + \quad \cdots \quad (10b)$$

und durch Addition wegen $(a + x)(a - x) = a^2 - x^2$

$$\frac{1}{2} \lg n\,(a^2 - x^2) = \lg n\, a - \frac{x^2}{2a^2} - \frac{x^4}{4a^4} - \frac{x^6}{6a^6} - \quad \cdots \quad (10c).$$

Setzt man in diesen Ausdrücken noch $a = 1$, so erhält man bequeme Reihen zur Berechnung der natürlichen Logarithmen beliebiger Zahlen.

Schreiben wir schließlich in der Gl. (10b)

$$a + x = u, \quad a - x = v$$

ode1

$$2x = u - v, \quad 2a = u + v$$

so wird daraus die häufig vorkommende Reihe

$$\frac{1}{2} \lg \frac{u}{v} = \left(\frac{u-v}{u+v}\right) + \frac{1}{3}\left(\frac{u-v}{u+v}\right)^3 + \frac{1}{5}\left(\frac{u-v}{u+v}\right)^5 + \ldots \quad (10\,\mathrm{d}).$$

4. Beispiel. Ist der Zähler unter dem Integralzeichen nicht mit dem Differentialquotienten des Nenners identisch, so kann man ihn häufig dazu ergänzen. So ist

$$\int \frac{a+x}{b+x}\,dx = \int \frac{a-b+b+x}{b+x}\,dx = (a-b)\int \frac{dx}{b+x} + \int dx$$

$$= (a - b)\,\lg(b+x) + x + C$$

ode· auch

$$\int \frac{x^2\,dx}{x+a} = \int \frac{x^2 - a^2 + a^2}{x+a}\,dx = \int \frac{x^2 - a^2}{x+a}\,dx + a^2 \int \frac{dx}{x+a}$$

$$= \int (x-a)\,dx + a^2 \int \frac{dx}{x+a} = \frac{x^2}{2} - ax + a^2\,\lg(x+a) + C$$

Steht unter dem Integral ein Ausdruck von der Form

$$\frac{x+a}{x^2+bx+c} = \frac{x+a}{(x-x_1)(x-x_2)},$$

worin

$$x_{12} = -\frac{b}{2} \pm \sqrt{\frac{b^2}{4} - c}$$

die Wurzeln der Gleichung $x^2 + bx + c = 0$ bedeuten, so zerlege man den Ausdruck in zwei sog. **Partialbrüche mit den unbestimmten Koeffizienten A und B**, so zwar daß

$$\frac{x+a}{(x-x_1)(x-x_2)} = \frac{A}{x-x_1} + \frac{B}{x-x_2} = \frac{(A+B)x - (Ax_2 + Bx_1)}{(x-x_1)(x-x_2)},$$

worus durch Vergleich der einzelnen Glieder im Zähler

$$A + B = 1, \quad Ax_2 + Bx_1 = -a$$

also

$$A = \frac{x_1 + a}{x_1 - x_2}, \quad B = \frac{x_2 + a}{x_2 - x_1}$$

sich berechnet. Mithin ist

$$\int \frac{(x+a)\,dx}{x^2+bx+c} = \int \frac{(x+a)\,dx}{(x-x_1)(x-x_2)} = \frac{x_1+a}{x_1-x_2}\,\lg n\,(x-x_1)$$
$$+ \frac{x_2+a}{x_2-x_1}\,\lg n\,(x-x_2) + C \;.\;\;.\;\;.\;\;.\;\;.\;\;. \;\;(11).$$

Diese Methode versagt übrigens für gleiche Wurzeln $x_1 = x_2$, mit denen A und B unendlich groß werden. Alsdann hat man

$$\frac{(x+a)}{(x-x_1)^2} = \frac{x-x_1+x_1+a}{(x-x_1)^2} = \frac{1}{x-x_1} + \frac{x_1+a}{(x-x_1)^2}$$

also

$$\int \frac{(x+a)\,dx}{(x-x_1)^2} = \int \frac{dx}{x-x_1} + (x_1+a)\int \frac{dx}{(x-x_1)^2}$$
$$= \lg n\,(x-x_1) - \frac{x_1+a}{x-x_1} + C \quad.\;\;.\;\;.\;\;.\;\; (11\,\text{a}).$$

Setzen wir die im 2. Beispiel vorkommenden Ausdrücke (s^a) mit $ax=u$

$$\frac{e^u+e^{-u}}{2} = \xi, \quad \frac{e^u-e^{-u}}{2} = \eta \;\;.\;\;.\;\;.\;\;.\;\; (12),$$

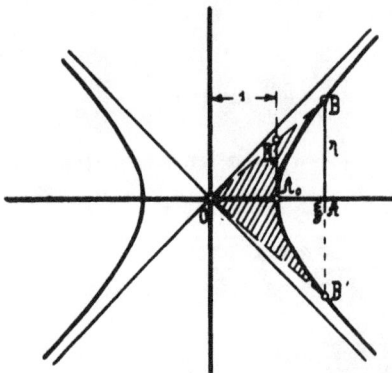

Fig. 65.

so folgt daraus durch Quadrieren

$$e^{2u} + 2 + e^{-2u} = 4\,\xi^2,$$
$$e^{2u} - 2 + e^{-2u} = 4\,\eta^2$$

oder

$$\xi^2 - \eta^2 = 1 \quad (12\,\text{a}).$$

Dies ist aber die Gleichung einer gleichseitigen Hyperbel (Fig. 65) mit der halben Hauptachse $OA_0 = 1$, weshalb man die Ausdrücke (12), die sich in ähnlicher Weise zu 1 ergänzen, wie die Kreisfunktionen Cosinus und Sinus, als hyperbolische Cosinus und Sinus bezeichnet und

$$\left.\begin{array}{l} OA = \xi = \mathfrak{Cos}\,u \text{ oder cosh } u \\ AB = \eta = \mathfrak{Sin}\,u \text{ oder sinh } u \end{array}\right\} \;\;.\;\;.\;\;. \;(12\,\text{b})$$

sowie analog den trigonometrischen Tangens und Cotangens die hyperbolischen Funktionen

$$\left.\begin{array}{l} A_0 B_0 = \dfrac{\eta}{\xi} = \dfrac{e^u-e^{-u}}{e^u+e^{-u}} = \mathfrak{Tg}\,u \text{ oder tgh } u \\[2ex] \dfrac{1}{A_0 B_0} = \dfrac{\xi}{\eta} = \dfrac{e^u+e^{-u}}{e^u-e^{-u}} = \mathfrak{Cotg}\,u \text{ od. cotgh } u \end{array}\right\} \;.\; (12\,\text{c})$$

schreibt. Addiert und subtrahiert man die Formeln (12), so folgt mit (12b)

$$\begin{aligned}\mathfrak{Cos}\, u + \mathfrak{Sin}\, u &= e^u \\ \mathfrak{Cos}\, u - \mathfrak{Sin}\, u &= e^{-u}\end{aligned}\Bigg\} \quad \ldots \quad (12\,\mathrm{d}).$$

Das Flächenstück $A_0 A B$ zwischen dem einen Hyperbelast und der Abszissenachse ist alsdann wegen (12)

$$F = \int_1^{\xi} \eta\, d\xi = \frac{1}{4}\int (e^u - e^{-u})^2\, du = \frac{1}{4}\int (e^{2u} + e^{-2u} - 2)\, du$$

$$= \frac{1}{4}\left(\frac{e^{2u} - e^{-2u}}{2} - 2u\right) + C$$

oder, da

$$\frac{e^{2u} - e^{-2u}}{4} = \xi\eta; \quad e^u = \xi + \eta, \quad u = \lg n\,(\xi + \eta)$$

ist, auch nach Einsetzen der Grenzen $\xi\eta$ und $\xi = 1$, $\eta = 0$

$$F = \frac{\xi\eta}{2} - \frac{1}{2}\lg n\,(\xi + \eta) = \frac{\xi\eta}{2} - \frac{u}{2} \quad \ldots \quad (13).$$

Daraus folgt aber, daß die Größe u, das sog. **Argument der vier sog. Hyperbelfunktionen** (12b) und (12c), durch die in Fig. 65 schraffierte Fläche OBA_0B' dargestellt ist, der bei den Kreisfunktionen ein Kreissektor mit dem Radius 1 entspricht. Für diese Hyperbelfunktionen hat man nun ebenso Tabellen berechnet, wie für die Kreisfunktionen und erhält z. B. für

u	$\mathfrak{Cos}\, u$	$\mathfrak{Sin}\, u$	$\mathfrak{Tg}\, u$	$\mathfrak{Cotg}\, u$
0	1	0	0	∞
1	$\dfrac{e^2 + 1}{2e} = 1{,}543$	$\dfrac{e^2 - 1}{2e} = 1{,}175$	$\dfrac{e^2 - 1}{e^2 + 1} = 0{,}762$	$\dfrac{e^2 + 1}{e^2 - 1} = 1{,}312$
2	$\dfrac{e^4 + 1}{2e^2} = 3{,}762$	$\dfrac{e^4 - 1}{2e^2} = 3{,}627$	$\dfrac{e^4 - 1}{e^4 + 1} = 0{,}964$	$\dfrac{e^4 + 1}{e^4 - 1} = 1{,}037$
5	$\dfrac{e^{10} + 1}{2e^5} = 74{,}21$	$\dfrac{e^{10} - 1}{2e^5} = 74{,}20$	$\dfrac{e^{10} - 1}{e^{10} + 1} = 0{,}9999$	$\dfrac{e^{10} + 1}{e^{10} - 1} = 1{,}0001$
∞	∞	∞	1	1

Daraus erkennt man, daß schon für $u = 5$ die Unterschiede der $\mathfrak{Sin}\, u$ und $\mathfrak{Cos}\, u$ bzw. $\mathfrak{Tg}\, u$ und $\mathfrak{Cotg}\, u$ fast unmerklich geworden sind.

5. **Beispiel.** Zur Berechnung der Fläche zwischen einem Aste der Hyperbel

$$\frac{x^2}{a^2} - \frac{y^2}{b^2} = 1 \quad . \quad . \quad . \quad . \quad . \quad . \quad . \quad (14)$$

und der Abszissenachse, hat man nur

$$\frac{x}{a} = \xi, \quad \frac{y}{b} = \eta$$

zu setzen und erhält dann analog (13)

$$F = \int\limits_a^x y\,dx = a\,b \int\limits_1^\xi \eta\,d\xi = \frac{a\,b}{2}\,[\xi\eta - \lgn(\xi + \eta)]\ldots.$$

oder

$$F = \frac{ab}{2}\left[\frac{xy}{ab} - \lgn\left(\frac{x}{a} + \frac{y}{b}\right)\right] \quad . \quad . \quad . \quad . \quad (14\,\text{a}).$$

Da nun $y = b\,\sqrt{\dfrac{x^2}{a^2} - 1} = \dfrac{b}{a}\,\sqrt{x^2 - a^2}$ ist, so dürfen wir auch hierfür

allgemein schreiben

$$\frac{b}{a}\int\sqrt{x^2 - a^2}\,dx = \frac{ab}{2}\left[\frac{x}{a^2}\,\sqrt{x^2 - a^2} - \lgn\left(\frac{x}{a} + \frac{\sqrt{x^2 - a^2})}{a}\right)\right] + C \quad (15)$$

oder nach Multiplikation mit $\dfrac{a}{b}$ und Ersatz von $C\,\dfrac{a}{b} + \dfrac{a^2}{2}\,\lgn a$

durch die neue Konstante C_1

$$\int\sqrt{x^2 - a^2}\,dx = \frac{x}{2}\,\sqrt{x^2 - a^2} - \frac{a^2}{2}\,\lgn(x + \sqrt{x^2 - a^2}) + C_1 \quad (15\,\text{a})$$

und analog durch Ersatz von a^2 durch $-a^2$

$$\int\sqrt{x^2 + a^2}\,dx = \frac{x}{2}\,\sqrt{x^2 + a^2} + \frac{a^2}{2}\,\lgn(x + \sqrt{x^2 + a^2}) + C_1 \quad (15\,\text{b}),$$

womit zugleich zwei häufig vorkommende Integrale berechnet sind.

Demgegenüber berechnet sich die **Fläche der gleichseitigen Hyperbel** (Fig. 35) mit der **Asymptotengleichung**

$$2\,xy = a^2$$

zwischen zwei Abszissenwerten x_1 und x_2 einfach zu

$$F = \int\limits_{x_1}^{x_2} y\,dx = \frac{a^2}{2}\int\limits_{x_1}^{x_2}\frac{dx}{x} = \frac{a^2}{2}\,(\lgn x_2 - \lgn x_1) = \frac{a^2}{2}\,\lgn\frac{x_2}{x_1} \quad (16).$$

§ 12. Kreis- und zyklometrische Funktionen.

Die Mittelpunktskoordinaten eines Punktes P des Kreises (Fig. 66) mit dem Radius a und dem Neigungswinkel φ des Fahrstrahls OP gegen die Abszissenachse sind

$$x = a\cos\varphi, \quad y = a\sin\varphi \quad . \quad . \quad . \quad . \quad . \quad (1).$$

Mit dem Wachstum des Winkels um $d\varphi$ nimmt die Bogenlänge um $ds = a\,d\varphi$ und die Ordinate um $dy = ds\cos\varphi$ zu, während die Abszisse um $dx = -ds\sin\varphi$ abnimmt. Wir haben also nach Elimination von ds für die Differentiale dx und dy

$$dx = -a\sin\varphi\,d\varphi,$$
$$dy = a\cos\varphi\,d\varphi \quad \ldots \ldots \ldots \quad (1\,a)$$

oder wegen (1) unter Wegfall der Konstanten a

$$\frac{d(\cos\varphi)}{d\varphi} = -\sin\varphi,$$

$$\frac{d(\sin\varphi)}{d\varphi} = \cos\varphi \quad \ldots \quad (1\,b)$$

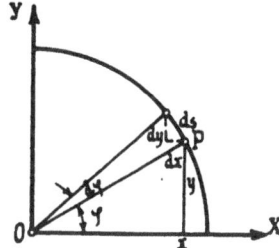

Fig. 66.

sowie umgekehrt durch Integration

$$\int\cos\varphi\,d\varphi = \sin\varphi + C,$$

$$\int\sin\varphi\,d\varphi = -\cos\varphi + C \quad (1\,c).$$

Weiterhin folgt aus

$$u = \operatorname{tg}\varphi = \frac{y}{x}, \quad v = \operatorname{cotg}\varphi = \frac{x}{y} \quad \ldots \quad (2)$$

nach der Divisionsregel des § 8

$$du = \frac{x\,dy - y\,dx}{x^2}, \quad dv = \frac{y\,dx - x\,dy}{y^2} \quad \ldots \quad (2\,a)$$

und mit (1) und (1 a)

$$\frac{du}{d\varphi} = \frac{\cos^2\varphi + \sin^2\varphi}{\cos^2\varphi} = \frac{1}{\cos^2\varphi}, \quad \frac{dv}{d\varphi} = -\frac{1}{\sin^2\varphi}$$

also

$$\frac{d(\operatorname{tg}\varphi)}{d\varphi} = \frac{1}{\cos^2\varphi}, \quad \frac{d(\operatorname{cotg}\varphi)}{d\varphi} = -\frac{1}{\sin^2\varphi} \quad \ldots \quad (2\,b).$$

Daraus folgt umgekehrt durch Integration

$$\int\frac{d\varphi}{\cos^2\varphi} = \operatorname{tg}\varphi + C, \quad \int\frac{d\varphi}{\sin^2\varphi} = -\operatorname{cotg}\varphi + C \quad . \quad (2\,c).$$

Dagegen erhalten wir nach der Gl. (8 b) des § 11

$$\left.\begin{array}{l}
\displaystyle\int\operatorname{tg}\varphi\,d\varphi = \int\frac{\sin\varphi}{\cos\varphi}\,d\varphi = -\int\frac{d(\cos\varphi)}{\cos\varphi} = -\lg\cos\varphi + C \\[3mm]
\displaystyle\int\operatorname{cotg}d\varphi = \int\frac{\cos\varphi}{\sin\varphi}\,d\varphi = \int\frac{d(\sin\varphi)}{\sin\varphi} = \lg\sin\varphi + C
\end{array}\right\} \quad (3).$$

1. Beispiel. Aus $x = f(\varphi) = a\cos\varphi$ folgt zunächst $f(0) = a$ und durch sukzessive Differentiation mit $dx = x'\,d\varphi$

$$x' \;= f'(\varphi) \;= -\,a\sin\varphi, \qquad f'(0) \;= 0$$
$$x'' \;= f''(\varphi) \;= -\,a\cos\varphi, \qquad f''(0) \;= -\,a$$
$$x''' \;= f'''(\varphi) \;= +\,a\sin\varphi, \qquad f'''(0) \;= 0$$
$$x^{IV} \;= f^{IV}(\varphi) \;= +\,a\cos\varphi, \qquad f^{IV}(0) \;= +\,a \text{ usw.}$$

Dies liefert in Gl. (4a) des § 10 eingesetzt die Potenzreihe

$$\cos\varphi = 1 - \frac{\varphi^2}{2!} + \frac{\varphi^4}{4!} - \frac{\varphi^6}{6!} + \cdots \quad \cdots \quad \cdots \quad (4),$$

während sich ganz analog

$$\sin\varphi = \varphi - \frac{\varphi^3}{3!} + \frac{\varphi^5}{5!} - \frac{\varphi^7}{7!} + \cdots \quad \cdots \quad \cdots \quad (5)$$

ergibt. Dividieren wir die zweite dieser Reihen mit φ, so folgt

$$\frac{\sin\varphi}{\varphi} = 1 - \frac{\varphi^2}{3!} + \frac{\varphi^4}{5!} - \cdots$$

und für die Grenze $\varphi = 0$

$$\lim_{\varphi=0}\left(\frac{\sin\varphi}{\varphi}\right) = 1 \quad \cdots \quad \cdots \quad \cdots \quad (5a).$$

Ebenso wird natürlich

$$\lim_{\varphi=0}\left(\frac{\operatorname{tg}\varphi}{\varphi}\right) = \lim \frac{\sin\varphi}{\varphi\cos\varphi} = \lim\left(\frac{\sin\varphi}{\varphi}\right)\cdot\frac{1}{\cos\varphi} = 1 \quad \cdots \quad (5b),$$

d. h. für sehr kleine Werte des Argumentes φ kann man den Sinus und Tangens mit dem Bogen selbst vertauschen.

2. Beispiel. Eine weitere Annäherung ergibt sich durch Vernachlässigung der vierten und höheren Potenzen von φ zu

$$\cos\varphi = 1 - \frac{\varphi^2}{2}, \quad \sin\varphi = \varphi\left(1 - \frac{\varphi^2}{6}\right),$$

woraus mit

$$2 + \cos\varphi = 3 - \frac{\varphi^2}{2} = 3\left(1 - \frac{\varphi^2}{6}\right)$$

durch Division die Formel

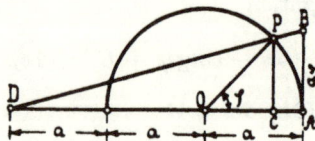

Fig. 67.

$$\frac{\varphi}{\sin\varphi} = \frac{3}{2 + \cos\varphi} \quad \cdot \quad (6)$$

hervorgeht. Diese benutzte Huygens zur näherungsweisen Abwickelung des Kreisbogens $AP = a\varphi$ (Fig. 67) auf der Tangente in A, indem er von dem Punkte D, dessen Abstand $AD = 3\,OA = 3a$ ist, durch P eine Gerade zog, welche die Tangente in dem gesuchten Punkte B trifft. Denn es ist

$$\frac{\varphi}{\sin\varphi} = \frac{AB}{PC} = \frac{AD}{CD} = \frac{3a}{2a + a\cos\varphi} = \frac{3}{2 + \cos\varphi}.$$

3. Beispiel. Multiplizieren wir die Gl. (5) mit $i = \sqrt{-1}$ und beachten, daß

$$i^2 = -1, \quad i^3 = -i, \quad i^4 = +1, \quad i^5 = +i, \quad i^6 = -1 \text{ usw.},$$

so wird daraus

$$i \sin \varphi = i\varphi + \frac{(i\varphi)^3}{3!} + \frac{(i\varphi)^5}{5!} + \cdots,$$

während wir für (4) auch schreiben dürfen

$$\cos \varphi = 1 + \frac{(i\varphi)^2}{2!} + \frac{(i\varphi)^4}{4!} + \frac{(i\varphi)^6}{6!} + \cdots$$

Durch Addition beider Reihen erhalten wir dann

$$\cos \varphi + i \sin \varphi = 1 + \frac{i\varphi}{1!} + \frac{(i\varphi)^2}{2!} + \frac{(i\varphi)^3}{3!} + \cdots$$

oder mit Rücksicht auf die Bedeutung dieser Reihe nach Gl. (5) § 11

$$\cos \varphi + i \sin \varphi = e^{i\varphi} \quad \ldots \ldots \ldots \quad (7)$$

und ebenso nach Ersatz von φ durch $-\varphi$

$$\cos \varphi - i \sin \varphi = e^{-i\varphi} \quad \ldots \ldots \ldots \quad (7\,\mathrm{a}).$$

Schreiben wir in diesen Gleichungen $n\varphi$ für φ, so wird daraus

$$\left.\begin{array}{l} \cos n\varphi + i \sin n\varphi = e^{in\varphi} = (\cos\varphi + i\sin\varphi)^n \\ \cos n\varphi - i \sin n\varphi = e^{-in\varphi} = (\cos\varphi - i\sin\varphi)^n \end{array}\right\} \quad \ldots \quad (8),$$

zwei Gleichungen, welche den **Moivre**schen Lehrsatz ausdrücken.

Ebenso folgt durch Addition und Subtraktion der Formeln (7) und (7a) mit Rücksicht auf die Gl. (11b) des § 11

$$\cos \varphi = \frac{e^{i\varphi} + e^{-i\varphi}}{2} = \mathfrak{Cos}\, i\varphi, \quad \sin \varphi = \frac{e^{i\varphi} - e^{-i\varphi}}{2i} = -i\,\mathfrak{Sin}\, i\varphi \quad (9)$$

oder umgekehrt

$$\mathfrak{Cos}\, \varphi = \cos i\varphi, \quad \mathfrak{Sin}\, \varphi = -i \sin i\varphi \quad \ldots \ldots \quad (9\,\mathrm{a})$$

und dementsprechend

$$\left.\begin{array}{l} \mathfrak{Tg}\, \varphi = -i\,\mathrm{tg}\, i\varphi, \quad \mathrm{tg}\, \varphi = -i\,\mathfrak{Tg}\, i\varphi \\ \mathfrak{Cotg}\, \varphi = i\,\mathrm{cotg}\, i\varphi, \quad \mathrm{cotg}\, \varphi = i\,\mathfrak{Cotg}\, i\varphi \end{array}\right\} \quad \ldots \ldots \quad (9\,\mathrm{b}).$$

4. Beispiel. Vergleicht man die obigen Reihen (4) und (5) mit den Reihen der Gl. (9d) des § 10, welche die Lösung von $y'' = -\alpha^2 y$ darstellt, so erkennt man ihre Identität mit $\cos \alpha x$ und $\sin \alpha x$, so daß man für diese Ergebnisse auch schreiben darf

$$y = y_0 \cos \alpha x + \frac{\sqrt{C - \alpha^2 y^2_0}}{\alpha} \sin \alpha x$$

oder allgemein mit den willkürlichen Konstanten A und B an Stelle von y_0 und $\frac{1}{\alpha}\sqrt{C - \alpha^2 y_0^2}$

$$y = A \cos \alpha x + B \sin \alpha x \quad \ldots \ldots \quad (10).$$

Von der Richtigkeit dieser Lösung kann man sich auch durch zweimalige Differentiation überzeugen, welche

$$y'' = - \alpha^2 (A \cos \alpha x + B \sin \alpha x) = - \alpha^2 y \quad . \quad . \quad (10\,\mathrm{a})$$

liefert, wobei die Konstanten A und B wieder herausfallen.

Die ebenfalls hierfür gültige Lösung (6a) § 11, nämlich

$$y = A' e^{\alpha i x} + B' e^{-\alpha i x}$$

läßt sich leicht mit Hilfe der obigen Formeln (7) und (7a) in (10) umformen, was dem Leser überlassen bleiben möge.

Die Normalen in zwei um das Bogenelement ds voneinander entfernten Kurvenpunkten P und P' schneiden sich in einem Punkte M (Fig. 68), der als Mittelpunkt eines Kreises durch PP' angesehen werden kann und mit der Kurve das Bogenelement ds sowie die beiden Tangenten in P' und P gemein hat. Da die Kurve um so stärker gekrümmt ist, je kleiner dieser Kreis ausfällt, so bezeichnen wir ihn als den **Krümmungs-kreis** der Kurve im Punkte P und wählen für seinen Halbmesser, den sog. **Krümmungs-radius**, den Buchstaben ϱ. Ist ferner τ der Tangentenwinkel in P, so gilt nach der Definition des Differentialquotienten

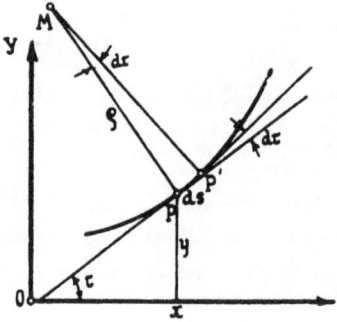

Fig. 68.

$$\operatorname{tg} \tau = \frac{dy}{dx} \quad . \quad . \quad . \quad . \quad . \quad . \quad (11),$$

woraus durch abermalige Differentiation mit Rücksicht auf Gl. (2b)

$$\frac{d\tau}{\cos^2 \tau} = \frac{d^2 y}{dx^2} \, dx \quad . \quad . \quad . \quad . \quad (11\,\mathrm{a})$$

folgt. Der Zuwachs $d\tau$ des Tangentenwinkels ist aber auch identisch mit dem Winkel zwischen den beiden Normalen in P und P', so daß wir für das Bogenelement ds auf dem Krümmungskreis auch haben

$$ds = \varrho \, d\tau \quad . \quad . \quad . \quad . \quad . \quad . \quad (11\,\mathrm{b})$$

und nach Elimination von $d\tau$ aus (11a) und (11b)

$$\frac{ds}{\varrho\cos^2\tau} = \frac{d^2y}{dx^2}\,dx.$$

Nun ist aber auch

$$\cos\tau = \frac{dx}{ds},\quad ds^2 = dx^2 + dy^2 = \left[1 + \left(\frac{dy}{dx}\right)^2\right]dx^2,$$

mithin folgt für den **Krümmungsradius**

$$\varrho = \frac{\left[1+\left(\frac{dy}{dx}\right)^2\right]^{\frac{3}{2}}}{\dfrac{d^2y}{dx^2}} = \frac{(1+y'^2)^{\frac{3}{2}}}{y''} \quad \dots \quad (12),$$

während der reziproke Wert als das **Krümmungsmaß der Kurve** oder kurz als ihre **Krümmung** bezeichnet wird.

5. **Beispiel.** Hiernach erhält man für die **Ellipse**

$$\frac{x^2}{a^2} + \frac{y^2}{b^2} = 1 \quad \dots \dots \quad (13)$$

mit der Substitution

$$x = a\cos\varphi,\quad y = b\sin\varphi \quad \dots \dots \quad (13a)$$

zunächst

$$\frac{dx}{d\varphi} = -a\sin\varphi,\quad \frac{dy}{d\varphi} = b\cos\varphi,\quad \frac{dy}{dx} = -\frac{b}{a}\cot g\,\varphi \quad (13b),$$

also

$$\frac{d^2y}{dx^2} = \frac{b}{a\sin^2\varphi}\frac{d\varphi}{dx} = -\frac{b}{a^2\sin^3\varphi} \quad \dots \dots \quad (13c)$$

und daher

$$\varrho = -\left(1 + \frac{b^2}{a^2}\cot g^2\varphi\right)^{\frac{3}{2}} \cdot \frac{a^2\sin^3\varphi}{b} = -\frac{(a^2\sin^2\varphi + b^2\cos^2\varphi)^{\frac{3}{2}}}{a\,b} \quad (14)$$

oder wegen (13a)

$$\varrho = -\frac{[a^4y^2 + b^4x^2]^{\frac{3}{2}}}{a^4 b^4} \quad \dots \dots \quad (14a).$$

Daraus folgt für die beiden Scheitel mit $x = 0$, $y = b$ bzw. $x = a$, $y = 0$

$$\varrho_1 = -\frac{a^2}{b},\quad \varrho_2 = -\frac{b^2}{a}.$$

Man übersieht leicht, daß der Krümmungsradius der **Hyperbel** sich hiervon nur durch das Vorzeichen des mit y^2 behafteten Gliedes unterscheiden wird, was der Leser mit Hilfe der Substitution

$$2x = a(e^u + e^{-u}),\quad 2y = b(e^u - e^{-u})$$

analog Gl. (11) § 11 nachweisen kann.

Für die **Parabel** $y^2 = 2px$ erhält man ohne Substitution

$$y\frac{dy}{dx} = p, \quad y\frac{d^2y}{dx^2} + \left(\frac{dy}{dx}\right)^2 = 0,$$

also

$$\frac{dy}{dx} = \frac{p}{y}, \quad \frac{d^2y}{dx^2} = -\frac{p^2}{y^3}$$

$$\varrho = -\frac{(p^2 + y^2)^{\frac{3}{2}}}{p^2} \quad \cdots \cdots \quad (15).$$

Da die zyklometrischen Funktionen

$$\varphi = \arcsin\xi = \arccos\eta \quad \cdots \cdots \quad (16)$$

die Umkehrung der Kreisfunktionen

$$\xi = \sin\varphi, \quad \eta = \cos\varphi$$

darstellen, so ist

$$d\xi = \cos\varphi\, d\varphi, \quad d\eta = -\sin\varphi\, d\varphi$$

$$\frac{d\varphi}{d\xi} = \frac{1}{\cos\varphi}, \quad \frac{d\varphi}{d\eta} = -\frac{1}{\sin\varphi}$$

oder wegen

$$\cos\varphi = \sqrt{1 - \sin^2\varphi} = \sqrt{1 - \xi^2}, \quad \sin\varphi = \sqrt{1 - \cos^2\varphi} = \sqrt{1 - \eta^2}$$

$$\left.\begin{array}{l} \dfrac{d\varphi}{d\xi} = \dfrac{d(\arcsin\xi)}{d\xi} = \dfrac{1}{\sqrt{1 - \xi^2}} \\[2mm] \dfrac{d\varphi}{d\eta} = \dfrac{d(\arccos\eta)}{d\eta} = -\dfrac{1}{\sqrt{1 - \eta^2}} \end{array}\right\} \quad \cdots \quad (16\,\text{a}).$$

Daraus folgt durch Integration

$$\int\frac{d\xi}{\sqrt{1 - \xi^2}} = \arcsin\xi + C_1 = -\arccos\xi + C_2 \quad . \quad (16\,\text{b}).$$

Ebenso ergibt sich aus

$$\varphi = \operatorname{arctg}\xi = \operatorname{arccotg}\eta \quad \cdots \cdots \quad (17)$$

$$\xi = \operatorname{tg}\varphi, \quad \eta = \operatorname{cotg}\varphi$$

$$d\xi = \frac{d\varphi}{\cos^2\varphi}, \quad d\eta = -\frac{d\varphi}{\sin^2\varphi}$$

und wegen

$$\frac{1}{\cos^2\varphi} = 1 + \operatorname{tg}^2\varphi = 1 + \xi^2, \quad \frac{1}{\sin^2\varphi} = 1 + \operatorname{cotg}^2\varphi = 1 + \eta^2$$

$$\left.\begin{array}{l} \dfrac{d\varphi}{d\xi} = \dfrac{d(\operatorname{arctg}\xi)}{d\xi} = \dfrac{1}{1 + \xi^2} \\[2mm] \dfrac{d\varphi}{d\eta} = \dfrac{d(\operatorname{arccotg}\eta)}{d\eta} = -\dfrac{1}{1 + \eta^2} \end{array}\right\} \quad \cdots \quad (17\,\text{a})$$

und umgekehrt

$$\int \frac{d\xi}{1+\xi^2} = \operatorname{arctg}\xi + C_1 = -\operatorname{arccotg}\xi + C_2 \quad . \quad (17\,\mathrm{b})$$

Weiterhin folgt durch Substitution neuer Veränderlicher und teilweise Integration

$$\int \operatorname{arcsin}\xi\, d\xi = \int \varphi \cos\varphi\, d\varphi = \int \varphi\, d(\sin\varphi) = \varphi \sin\varphi - \int \sin\varphi\, d\varphi$$

$$= \varphi \sin\varphi + \cos\varphi + C = \xi \operatorname{arcsin}\xi + \sqrt{1-\xi^2} + C \quad . \quad (18)$$

$$\int \operatorname{arctg}\xi\, d\xi = \int \frac{\varphi\, d\varphi}{\cos^2\varphi} = \int \varphi\, d(\operatorname{tg}\varphi) = \varphi \operatorname{tg}\varphi - \int \operatorname{tg}\varphi\, d\varphi$$

$$= \varphi \operatorname{tg}\varphi + \lg n \cos\varphi + C = \xi \operatorname{arctg}\xi + \lg n \sqrt{1+\xi^2} + C \,(19).$$

6. **Beispiel.** Zur Gewinnung einer Potenzreihe für arc sin ξ entwickeln wir deren Ableitung (16a) nach dem binomischen Lehrsatze Gl. (6) § 10 in die Reihe

$$\frac{d\,(\operatorname{arc\,sin}\xi)}{d\xi} = (1-\xi^2)^{-\frac{1}{2}} = 1 + \frac{1}{2}\,\xi^2 + \frac{1\cdot3}{2\cdot4}\,\xi^4 + \frac{1\cdot3\cdot5}{2\cdot4\cdot6}\cdot\xi^6 + \cdots$$

und integrieren gliedweise nach den Regeln des § 9, wodurch bis auf eine Konstante

$$\operatorname{arcsin}\xi = C + \xi + \frac{1}{2}\cdot\frac{\xi^3}{3} + \frac{1\cdot3}{2\cdot4}\cdot\frac{\xi^5}{5} + \frac{1\cdot3\cdot5}{2\cdot4\cdot6}\cdot\frac{\xi^7}{7} + \cdots$$

wird. Da nun für $\xi = 0$, auch arc sin $\xi = 0$ ist, so verschwindet die Konstante C und es bleibt

$$\operatorname{arc\,sin}\xi = \xi + \frac{1}{2}\frac{\xi^3}{3} + \frac{1\cdot3}{2\cdot4}\cdot\frac{\xi^5}{5} + \frac{1\cdot3\cdot5}{2\cdot4\cdot6}\cdot\frac{\xi^7}{7} + \quad . \quad (20).$$

Für $\xi = 1$ ist arc sin $1 = \dfrac{\pi}{2}$, wodurch man die Reihe

$$\frac{\pi}{2} = 1 + \frac{1}{2\cdot3} + \frac{1\cdot3}{2\cdot4\cdot5} + \frac{1\cdot3\cdot5}{2\cdot4\cdot6\cdot7} + \cdots \quad . \quad (20\,\mathrm{a})$$

erhält, deren Glieder indessen nicht rasch genug abnehmen für eine bequeme Berechnung von π.

7. **Beispiel.** In derselben Weise folgt aus

$$\frac{d\,(\operatorname{arctg}\xi)}{d\xi} = (1+\xi^2)^{-1} = 1 - \xi^2 + \xi^4 - \xi^6 + \cdots$$

durch Integration unter Wegfall der Konstanten (d. h. wegen arctg $0 = 0$)

$$\operatorname{arctg}\xi = \xi - \frac{\xi^3}{3} + \frac{\xi^5}{5} - \frac{\xi^7}{7} + \quad \cdots \quad (21),$$

woraus für $\xi = 1$, artg $1 \doteq \dfrac{\pi}{4}$, also

$$\frac{\pi}{4} = 1 - \frac{1}{3} + \frac{1}{5} - \frac{1}{7} + \cdots \quad \cdots \quad (21\,\mathrm{a})$$

hervorgeht. Faßt man hierin die aufeinander folgenden Differenzen je zweier Glieder zusammen, so ergibt sich mit

$$\frac{\pi}{4} = 2\left(\frac{1}{3} + \frac{1}{5 \cdot 7} + \frac{1}{9 \cdot 11} + \cdots\right) \quad \cdots \quad (21\,\mathrm{b})$$

eine neue für die Berechnung von π schon recht bequeme Reihe.

8. Beispiel. Die Fläche der Ellipse Gl. (13) ist mit der Substitution (13a) bis auf eine Konstante

$$F = \int y\,dx = -a\,b \int \sin^2\varphi\,d\varphi = -\frac{a\,b}{2} \int (1 - \cos 2\varphi)\,d\varphi$$

$$= -\frac{a\,b}{2}\left(\varphi - \frac{\sin 2\varphi}{2}\right) = \frac{a\,b}{2}(\cos\varphi \, \sin\varphi - \varphi).$$

Da nun $x = a\cos\varphi$, $y = b\sin\varphi$ war, so folgt durch Einsetzen

$$F = \frac{xy}{2} - \frac{ab}{2}\arccos\frac{x}{a} + C = \frac{xy}{2} - \frac{ab}{2}\arcsin\frac{y}{b} + C . \quad (22).$$

Für die untere Grenze $x = -a$, $y = 0$ verschwindet mit arccos $1 = \arcsin 0 = 0$ die Konstante C; und man übersieht, daß der in Fig. 69 schraffierte Sektor OAP mit $\frac{ab}{2}\arccos\frac{x}{a} = \frac{ab}{2}\arcsin\frac{y}{b}$

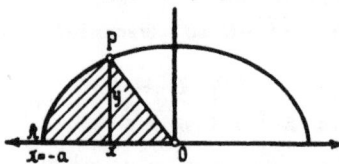

Fig. 69.

identisch ist, während F die Differenz dieses Sektors und des Dreiecks $\frac{xy}{2}$ darstellt. Das Vorzeichen von F erscheint hierbei negativ wegen des Umfahrungssinnes APO (vgl. § 4). Daher liefert auch (22) für den Ellipsenquadranten, d. h. die Fläche zwischen $x = -a$, $y = 0$ und $x = 0$, $y = b$ mit arccos $0 = \frac{\pi}{2}$ den Wert

$$F_0 = -a\,b\,\frac{\pi}{4}$$

oder für die ganze Ellipsenfläche mit Weglassung des Vorzeichens

$$4\,F_0 = \pi\,a\,b.$$

Setzen wir dann noch in den Ausdruck (22) $y = b\sqrt{1 - \frac{x^2}{a^2}}$

$= \frac{b}{a}\sqrt{a^2 - x^2}$ ein, so folgt auch nach Wegheben von b allgemein

$$\int \sqrt{a^2 - x^2}\,dx = \frac{x}{2}\sqrt{a^2 - x^2} - \frac{a^2}{2}\arccos\frac{x}{a} + C \quad . \quad (22).$$

Da das Bogenelement ds einer Kurve die Hypothenuse eines unendlich kleinen Dreiecks mit den Katheten dx und dy bildet, so ist

$$ds = \sqrt{dx^2 + dy^2} = \sqrt{1 + \left(\frac{dy}{dx}\right)^2}\, dx$$

und daher die Bogenlänge der Kurve selbst bis auf eine Konstante

$$s = \int \sqrt{1 + \left(\frac{dy}{dx}\right)^2}\, dx \quad . \quad . \quad . \quad . \quad (23).$$

Die Ausführung dieser Integration wird häufig durch Einführung einer Hilfsveränderlichen u erleichtert, wenn

$$x = f_1(u), \quad y = f_2(u) \quad . \quad . \quad . \quad . \quad (24)$$

gesetzt werden kann; dann ist

$$dx = f_1'(u)\, du, \quad dy = f_2'(u)\, du$$

also

$$s = \int \sqrt{f_1'(u)^2 + f_2'(u)^2}\, du \quad . \quad . \quad . \quad (24\,\mathrm{a}).$$

9. Beispiel. Für die gemeine Zykloide gelten nach § 4 Gl. (11) die Formeln

$$x = a\,(\varphi - \sin \varphi), \quad y = a\,(1 - \cos \varphi). \quad . \quad . \quad . \quad (25),$$

also

$$dx = a\,(1 - \cos \varphi)\,d\varphi, \quad dy = a \sin \varphi\, d\varphi,$$

worin φ den abgerollten Kreisbogen und a den Radius des Rollkreises bedeutet (Fig. 20). Dann ist

$$ds^2 = a^2[(1 - \cos \varphi)^2 + \sin^2 \varphi]\,d\varphi^2 = 2\,a^2\,(1 - \cos \varphi)\,d\varphi^2$$

und da

$$1 - \cos \varphi = 2 \sin^2 \frac{\varphi}{2}$$

ist,

$$s = 2\,a \int_0^\varphi \sin \frac{\varphi}{2}\, d\varphi = 4\,a\left(1 - \cos \frac{\varphi}{2}\right) \quad . \quad . \quad . \quad (25\,\mathrm{a}).$$

Daraus folgt für die ganze Schleife mit $\varphi = 2\pi$, $\cos \frac{\varphi}{2} = -1$,

$s = 8a$.

10. Beispiel. Für flache Bogen ist der Neigungswinkel gegen die Sehne zwischen den Endpunkten klein und damit auch der mit der Tangente dieses Winkels identische Differentialquotient, so daß man an Stelle von (23) nach Gl. (7 c) § 10 auch angenähert schreiben darf

$$s = \int \left[1 + \frac{1}{2}\left(\frac{dy}{dx}\right)^2\right] dx \quad . \quad . \quad . \quad . \quad . \quad (26).$$

So erhält man für einen flachen **Parabelbogen** von der halben Sehnenlänge l mit dem Scheitelabstand $OA = h$ (Fig. 70)

$$x^2 = 2py, \quad l^2 = 2ph,$$

also

$$y = \frac{h}{l^2}\, x^2$$

$$\frac{dy}{dx} = \frac{2h}{l^2}\, x$$

und daher für den Bogen BOB hinreichend genau

$$s = 2 \int_0^l \left(1 + \frac{2h^2}{l^4}\, x^2\right) dx = 2l\left(1 + \frac{2}{3}\frac{h^2}{l^2}\right) \quad . \quad . \quad (26\,\text{a}).$$

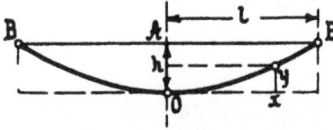

Fig. 70.

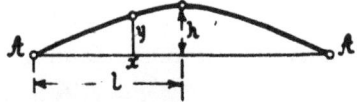

Fig. 71.

11. Beispiel. Für eine halbe **Sinuslinie** (Fig. 71) mit der Scheitelhöhe h über der Mittelinie $2l$ haben wir

$$y = h \sin \alpha x, \quad \alpha l = \frac{\pi}{2}$$

oder

$$y = h \sin \frac{\pi x}{2l}$$

$$\frac{dy}{dx} = \frac{\pi h}{2l} \cos \frac{\pi x}{2l}.$$

Ist nun h klein gegen l, die Sinuslinie also sehr flach, so liefert diese Formel mit (26) für den ganzen Bogen

$$s = 2 \int_0^l \left(1 + \frac{\pi^2 h^2}{8l^2} \cos^2 \frac{\pi x}{2l}\right) dx = 2l + \frac{\pi^2 h^2}{4l^2} \int_0^l \cos^2 \frac{\pi x}{2l}\, dx.$$

Da nun anderseits

$$\cos^2 \frac{\pi x}{2l} = \frac{1}{2} + \frac{1}{2} \cos \frac{\pi x}{l}$$

$$\int_0^l \cos^2 \frac{\pi x}{2l}\, dx = \frac{l}{2} + \frac{1}{2} \int_0^l \cos \frac{\pi x}{l}\, dx = \frac{l}{2}$$

ist, so folgt schließlich für die Bogenlänge AA nahezu

$$s = 2l\left(1 + \frac{\pi^2}{16}\frac{h^2}{l^2}\right) \sim 2l\left(1 + \frac{10}{16}\frac{h^2}{l^2}\right). \quad . \quad . \quad (26\text{b}).$$

Dieses Ergebnis stimmt aber ziemlich genau mit (26a) überein, so daß man die flache Sinuslinie auch angenähert als Parabelbogen auffassen kann.

§ 13. Ausgezeichnete Funktionswerte.

Erreicht in einer stetig verlaufenden Kurve (Fig. 72) mit der Gleichung

$$y = f(x) \quad . \quad . \quad . \quad . \quad . \quad . \quad . \quad (1)$$

die Ordinate y im Punkte P_1 ein **Maximum** y_1, in P_2 ein **Minimum** y_2, so wird in beiden Punkten die Tangente der Abszissenachse parallel und damit der Tangentenwinkel τ verschwinden. Dies trifft dann auch für den Differentialquotienten

$$\frac{dy}{dx} = f'(x) = \operatorname{tg}\tau = 0 \ . \ (2)$$

zu, dessen Verschwinden für bestimmte Abszissenwerte somit die Bedingung eines zugehörigen Maxi-

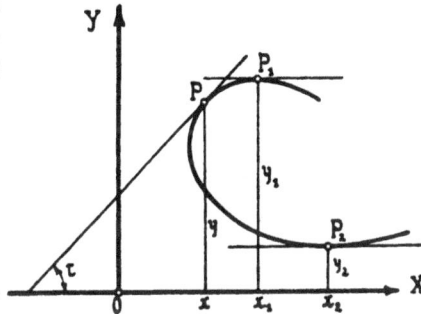

Fig. 72.

mums oder Minimums ist. Umgekehrt erhält man aus der Gleichung $f'(x) = 0$ durch Auflösen nach x die einem Maximum oder Minimum der Ordinate zugehörigen Abszissen und durch deren Einsetzen in (1) die Maximal- oder Minimalwerte von y selbst. Ob es sich dabei um ein Maximum oder Minimum handelt, zeigt ohne weiteres ein Blick auf die Kurve; indessen läßt sich diese Frage auch analytisch aus der Veränderung des Differentialquotienten in der Nähe der Punkte P_1 und P_2 entscheiden. Nähert man sich von P ausgehend dem Punkte P_1, so nimmt offenbar der Tangentenwinkel τ ab, während er auf dem Wege von P bis P_2 und darüber hinaus zunimmt. Dem Zuwachse des Tangentenwinkels entspricht aber ein solcher der Ableitung $f'(x) = \operatorname{tg}\tau$; und dieser wiederum ist durch die zweite Ableitung

$$\frac{d^2y}{dx^2} = f''(x) = \frac{d\operatorname{tg}\tau}{dx} \quad . \quad . \quad . \quad . \quad . \quad (3)$$

gegeben, deren negatives, der Abnahme entsprechendes Vorzeichen für die durch Gl. (2) definierten Werte von x ein diesem zugehöriges Maximum von y bestimmt, während mit der Zunahme von $f'(x)$ ein positives Vorzeichen von $f''(x)$ ein Minimum kennzeichnet. Verschwindet aber auch der zweite Differentialquotient, so wird trotz horizontaler Tangente im allgemeinen die Ordinate des betreffenden Kurvenpunktes P_1 keinen Maximaloder Minimalwert besitzen (Fig. 73). Dagegen wird dort nach Gl. (12) § 12 mit $f''(x) = 0$ der Krümmungsradius ϱ unendlich groß werden und beim Durchgang durch P_1 sein Vorzeichen wechseln, weshalb man diesen Punkt als Wendepunkt bezeichnet. Solche Wendepunkte sind natürlich nicht an horizontale Tangenten gebunden, sondern können, wie z. B. P_2 in Fig. 73, beliebig geneigte Tangenten besitzen.

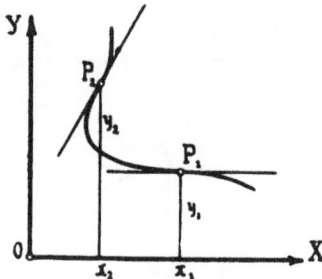

Fig. 73.

1. Beispiel. Die Ableitung der Funktion $y = \sin \alpha x$ (Fig. 74), nämlich $y' = \alpha \cos \alpha x$ verschwindet

$$\text{für } \alpha x = \frac{1}{2}\pi, \quad \frac{3}{2}\pi, \quad \frac{5}{2}\pi, \quad \frac{7}{2}\pi \text{ usw.},$$

wobei $y'' = -\alpha^2 \sin \alpha x, = -\alpha^2 < 0, +\alpha^2 > 0, -\alpha^2 < 0, +\alpha^2 > 0$, entsprechend einem   Max.   Min.   Max.   Min.

Die zweite Ableitung verschwindet für die Punkte $\alpha x = 0, \pi, 2\pi$, 3π usw., denen allen die Ordinate $y = 0$ zukommt, so daß also die Sinuslinie Fig. 74 die Abszissenachse mit Wendepunkten schneidet.

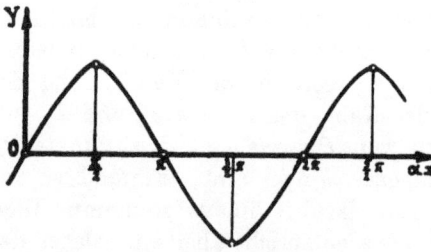

In derselben Weise möge der Leser die Funktion $y = \operatorname{tg} \alpha x$, deren Verlauf in Fig. 17 dargestellt ist, untersuchen.

Fig. 74.

2. Beispiel. Aus $y = e^{-x^2}$ folgt $y' = -2 e^{-x^2} x$, $y'' = 2 e^{-x^2}(2x^2 - 1)$, so daß $y' = 0$ für $x = 0$ und $x_{12} = \pm \infty$ wird. Da nun für $x_0 = 0, y'' = -2$ ist, so wird $y_0 = e^0 = 1$ ein Maximum und $y_{12} = e^{-\infty} = 0$ ein Minimum. Weiter ist $y'' = 0$ für $x_{12} = \pm \infty$ und $x_{34} = \pm \dfrac{1}{\sqrt{2}}$, so daß die in Fig. 75 dargestellte Kurve zwei Wendepunkte mit der Ordinate $y = e^{-\frac{1}{2}} = \dfrac{1}{\sqrt{e}}$ im Endlichen besitzt, während

die beiden anderen Wendepunkte auf der Abszissenachse, der sich die Kurve asymptotisch nähert, im Unendlichen liegen und gleichzeitig den Minimalwert der Ordinate liefern.

3. Beispiel. Um eine Kurve zu finden, welche im Koordinatenanfang, d. h. für $x = 0$, $y = 0$ in die Abszissenachse und im Punkte $x_1 \, y_1$ in eine Gerade von der Neigung τ_1 mit je einem Wendepunkte übergeht (Fig. 76), setzen wir für die Kurvengleichung die Potenzreihe

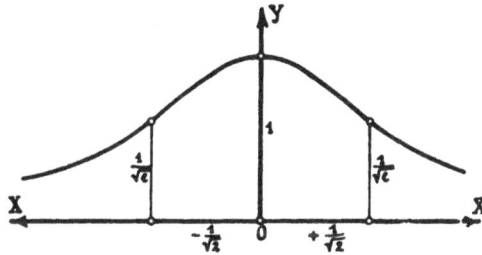

Fig. 75.

$$y = A_0 + A_1 x + A_2 x^2 + A_3 x^3 + A_4 x^4 + A_5 x^5 + \ldots$$

an, deren Koeffizienten wir durch die genannten Bedingungen zu ermitteln haben. Da die Kurve durch den Anfang O gehen soll, also $y = 0$ für $x = 0$ ist, so verschwindet zunächst die Konstante $A_0 = 0$, und wir erhalten durch Differentiation

$$y' = f'(x) = A_1 + 2 A_2 x + 3 A_3 x^2 + 4 A_4 x^3 + 5 A_5 x^4 + .$$

Auch dieser Ausdruck soll wegen der Berührung der Abszissenachse für $x = 0$ verschwinden, d. h. es muß $A_1 = 0$ sein. Schließlich ist

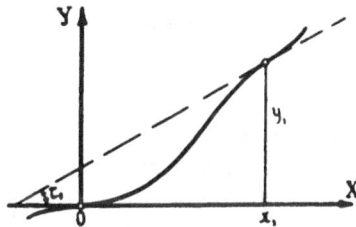

Fig. 76.

$$y'' = f''(x) = 2 A_2 + 2 \cdot 3 A_3 x + 3 \cdot 4 A_4 x^2 + 4 \cdot 5 A_5 x^3 + \ldots,$$

worin wegen des Wendepunktes in O, d. h. wegen $f''(0) = 0$, $A_2 = 0$ ist, so daß nur mehr die drei dem Punkte $x_1 \, y_1$ mit der Tangentenbedingung $f'(x_1) = \text{tg } \tau_1$ und der Wendepunktsbedingung $f''(x_1) = 0$ genügenden Formeln

$$y_1 = A_3 x_1^3 + A_4 x_1^4 + A_5 x_1^5 + \ldots$$
$$\text{tg } \tau_1 = 3 A_3 x_1^2 + 4 A_4 x_1^3 + 5 A_5 x_1^4 + \ldots$$
$$0 = 2 \cdot 3 A_3 x_1 + 3 \cdot 4 \cdot A_4 x_1^2 + 4 \cdot 5 \cdot A_5 x_1^3 + \ldots$$

übrig bleiben, welche zur Bestimmung der drei Konstanten A_3, A_4, A_5 unter Wegfall aller übrigen gerade ausreichen. Die Ausführung dieser Rechnung kann dem Leser mit der Bemerkung überlassen bleiben, daß die auf diese Weise erhaltene Kurve mit der Gleichung

$$y = A_3 x^3 + A_4 x^4 + A_5 x^5$$

zur Überführung zweier geradliniger Schienenstränge ineinander praktische Verwendung findet.

4. Beispiel. Der gebrochene Weg $P_1 P P_2$ zwischen zwei Punkten P_1 und P_2 ($x_1 y_1$ und $x_2 y_2$) über einen Punkt P ($x\,0$) der Abszissenachse (Fig. 77) hat die Länge

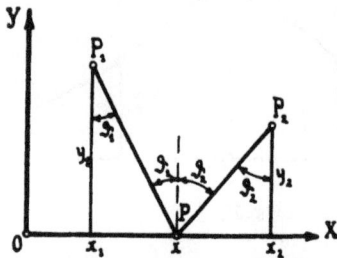

Fig. 77.

$$s = \sqrt{(x - x_1)^2 + y_1{}^2}$$
$$+ \sqrt{(x_2 - x)^2 + y_2{}^2}$$

und wird zu einem Minimum für

$$\frac{ds}{dx} = \frac{x - x_1}{\sqrt{(x - x_1)^2 + y_1{}^2}}$$
$$- \frac{x_2 - x}{\sqrt{(x_2 - x)^2 + y_2{}^2}} = 0$$

oder für

$$\sin \vartheta_1 = \sin \vartheta_2,$$

d. h. wenn die Normale zur Abszissenachse in P den Winkel $P_1 P P_2$ halbiert, entsprechend der Reflexion eines Lichtstrahles am Spiegel OX.

Ist eine Funktion in der Form

$$y = \frac{f(x)}{F(x)} \quad \cdots \quad \cdots \quad (4)$$

gegeben, so kann es vorkommen, daß für einen Wert x_1 der Veränderlichen x Zähler und Nenner zugleich verschwinden oder unendlich groß werden, woraus ein scheinbar unbestimmter Wert für y_1 resultiert. Fassen wir zunächst den Fall ins Auge, daß gleichzeitig

$$f(x_1) = 0, \quad F(x_1) = 0$$

wird, so dürfen wir diese Werte ohne weiteres dem Zähler bzw. dem Nenner von (4) hinzufügen und schreiben

$$y = \frac{f(x) - f(x_1)}{F(x) - F(x_1)} = \frac{\dfrac{f(x) - f(x_1)}{x - x_1}}{\dfrac{F(x) - F(x_1)}{x - x_1}}$$

und erhalten daraus für $x = x_1$, d. h. durch den Grenzübergang

$$y_1 = \frac{f'(x_1)}{F'(x_1)} \quad \cdots \quad \cdots \quad (4\,\text{a})$$

Ist dagegen

$$y_1 = \frac{f(x_1)}{F(x_1)} = \frac{\infty}{\infty} = \frac{\dfrac{1}{F(x_1)}}{\dfrac{1}{f(x_1)}} = \frac{0}{0},$$

so schreiben wir an Stelle von (4)

$$y_1 = \lim_{x=x_1} \left[\frac{\dfrac{1}{F(x)} - \dfrac{1}{F(x_1)}}{\dfrac{1}{f(x)} - \dfrac{1}{f(x_1)}} \right] = \frac{\dfrac{d}{dx}\left(\dfrac{1}{F(x_1)}\right)}{\dfrac{d}{dx}\left(\dfrac{1}{f(x_1)}\right)} \quad . \quad (4\,\mathrm{b})$$

und wenn

$$y_1 = f(x_1) \cdot F(x_1) = 0 \cdot \infty = \frac{f(x_1)}{\dfrac{1}{F(x_1)}} = \frac{0}{0}$$

wird, so folgt

$$y_1 = \frac{f'(x_1)}{\dfrac{d}{dx}\left(\dfrac{1}{F(x_1)}\right)} \quad . \quad . \quad . \quad . \quad . \quad (4\,\mathrm{c}).$$

In derselben Weise lassen sich alle scheinbar unbestimmten Formen behandeln, event. unter Wiederholung des ganzen Verfahrens, wenn die erste Ableitung in Zähler und Nenner für x_1 wieder einen unbestimmten Ausdruck liefern würde.

5. **B e i s p i e l.** So liefert $y = \dfrac{\sin x}{x}$ für $x = 0$, $y_1 = \dfrac{\sin 0}{0}$, während man durch Differentiation oben und unten

$$y_1 = \cos 0 = 1$$

als Grenzwert erhält, vgl. (5 a) in § 12.

Ebenso wird für $x = 0$

$$y_1 = \left(\frac{\mathrm{tg}\,x}{x}\right)_0 = \frac{0}{0} = \frac{1}{\cos^2 0} = 1$$

im Einklang mit Gl. (5 b) § 12.

6. **B e i s p i e l:** Weiter ist für $x = 0$

$$y_1 = \left(\frac{e^x - 1}{x}\right)_0 = \frac{0}{0} = e^0 = 1$$

$$y_1 = (x \cdot e^{-x})_\infty = \infty \cdot 0 \stackrel{\cdot}{=} \left(\frac{x}{e^x}\right)_\infty = \frac{1}{e^\infty} = 0.$$

Um $y_1 = (x^x)_0 = 0^0$ zu berechnen, logarithmiere man beidseitig, schreibe also

$$\lg y_1 = (x \lg x)_0 = \left(\frac{\lg x}{\dfrac{1}{x}}\right)_0 = -\left(\frac{\dfrac{1}{x}}{\dfrac{1}{x^2}}\right)_0 = -(x)_0 = 0,$$

woraus
$$y_1 = (x^x)_0 = 1$$
folgt.

7. Beispiel. Die in Fig. 64 schraffierte Fläche der Kurve $y x^\mu = y_1 x_1{}^\mu$ (6. Beispiel § 9) hatte zwischen zwei Parallelen zur Abszissenachse den Inhalt

$$F = \frac{\mu\, x_1 y_1}{\mu - 1}\left[1 - \left(\frac{y_2}{y_1}\right)^{\frac{\mu-1}{\mu}} \right] = \frac{x_1 y_1}{u}\left[1 - \left(\frac{y_2}{y_1}\right)^u \right],$$

wenn wir $\dfrac{\mu - 1}{\mu} = u$ setzen. Geht die Kurve mit $\mu = 1$ oder $u = 0$ in $x y = x_1 y_1$ über, so wird der Ausdruck unbestimmt $0 : 0$, während man nach dem obigen Verfahren durch Differentiation nach u findet

$$F_0 = -\left[x_1 y_1\left(\frac{y_2}{y_1}\right)^u \lg n\, \frac{y_2}{y_1} \right]_0 = x_1 y_1 \lg n\, \frac{y_1}{y_2},$$

ein Ergebnis, welches man natürlich auch unmittelbar ableiten könnte, vgl. Gl. (16) § 11.

§ 14. Die Ermittlung des Volumens und der Oberfläche einfacher Körper.

Das Volumen eines geraden Zylinders oder Prismas mit der beliebig gestalteten Grundfläche F und der Höhe h ist $V = F \cdot h$. Schneiden wir daher aus einem Körper (Fig. 78) durch zwei um

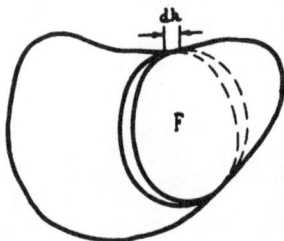

das Differential dh von einander abstehende Ebenen eine Scheibe heraus, mit der Fläche F, so stellt $F d h$ deren Volumen und zugleich das Volumenelement des ganzen Körpers dar, so daß dessen Volumen zwischen zwei Ebenen in endlichem Abstande $h_2 - h_1$ sich aus

Fig. 78.

$$V = \int_{h_1}^{h_2} F d h \quad . \quad . \quad . \quad (1)$$

berechnet, worin natürlich F als eine Funktion von h durch die Körpergestalt gegeben sein muß, während h_1 und h_2 die Abstände der beiden Grenzebenen von einem willkürlich gewählten Anfangspunkte bedeuten.

1. Beispiel. In einem Kegel (oder einer Pyramide) fällen wir von der Spitze O (Fig. 79) ein Lot $OM_0 = h_0$ auf die Grundfläche F_0, welches eine beliebige Parallelebene F zu dieser in M schneiden möge, derart daß $OM = h$. Legen wir ferner durch dieses Lot zwei um den

Winkel $d\varphi$ geneigte Ebenen, so scheiden diese aus den Ebenen F und F_0 mit $MA = r$ und $M_0 A_0 = r_0$ die Flächenelemente

$$MAA' = dF = \frac{1}{2} r^2 d\varphi$$

$$M_0 A_0 A'_0 = dF_0 = \frac{1}{2} r_0^2 d\varphi$$

heraus. Da nun wegen der Ähnlichkeit der Dreiecke $OMA \backsim OM_0 A_0$

$$\frac{r}{r_0} = \frac{h}{h_0}$$

ist, so folgt auch

$$dF = \frac{1}{2} \frac{h^2}{h_0^2} r_0^2 d\varphi = \frac{h^2}{h_0^2} dF_0$$

oder

$$F = \frac{h^2}{h_0^2} F_0.$$

Mithin ist das Volumen des Kegels

$$V = \int_0^{h_0} F dh = \frac{F_0}{h_0^2} \int_0^{h_0} h^2 dh = \frac{1}{3} F_0 h_0 \quad (2)$$

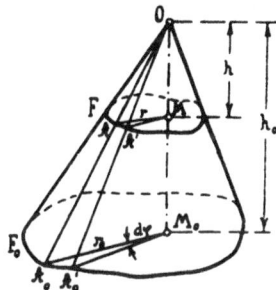

Fig. 79.

und das eines Kegelstumpfes zwischen den beiden Höhen h_0 und h_1

$$V = \int_{h_1}^{h_0} F dh = \frac{F_0}{h_0^2} \int_{h_1}^{h_0} h^2 dh = \frac{1}{3} \frac{F_0}{h_0^2} (h_0^3 - h_1^3) \quad \ldots \quad (2\,\mathrm{a}).$$

2. Beispiel. Die zur X-Achse normale ebene Schnittfläche $A'B'C'$ durch den in Fig. 44 dargestellten Ellipsoidoktanten ist mit $A'B' = y_0$ und $A'C' = z_0$

$$F = \frac{\pi}{4} y_0 z_0$$

Anderseits aber ist mit $OA' = x$

$$\frac{x^2}{a^2} + \frac{y_0^2}{b^2} = 1, \quad \frac{x^2}{a^2} + \frac{z_0^2}{c^2} = 1$$

oder

$$y_0 z_0 = bc\left(1 - \frac{x^2}{a^2}\right),$$

und daher folgt für das Volumen des Oktanten

$$V = \int_0^a F dx = \frac{\pi}{4} bc \int_0^a \left(1 - \frac{x^2}{a^2}\right) dx = \frac{\pi}{6} abc \quad \ldots \quad (3)$$

und für das Volumen des ganzen Ellipsoids $V_0 = 8V = \frac{4}{3} \pi abc$. Da

nun die K u g e l als ein Ellipsoid mit drei gleichen Halbachsen a aufzufassen ist, so ist deren Volumen

$$V_0 = \frac{4}{3}\pi a^3 \quad\text{. . . . . (3a).}$$

Handelt es sich um einen Rotationskörper (Fig. 80) mit
der Achse OO, so schneide man aus diesem einen zylindrischen
Ring von der Höhe h mit dem Innenradius r und der unendlich
kleinen Wandstärke dr heraus, dessen Volumen $2\pi h\,r\,dr$ zugleich
das Volumenelement des Körpers darstellt, so daß

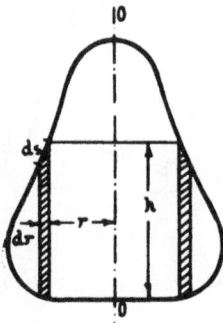

$$V = 2\pi\int_0^{r_1} h\,r\,dr \quad\text{. . (4),}$$

sein Volumen zwischen der Achse und
einem Zylinderschnitte vom Radius r_1 ist.
In Gl. (4) dürfen wir aber $h\,dr = dF$ auch
als das schraffierte Flächenelement des
halben Meridianschnitts, durch dessen
Rotation der ganze Körper entstanden ist,
betrachten und demgemäß allgemeiner
schreiben

Fig. 80.

$$V = 2\pi\int_0^{r_1} r\,dF \quad\text{. . (4a),}$$

worin das Integral wohl auch als das (statische) M o m e n t d e s
F l ä c h e n s t ü c k e s, über welches sich die Integration erstreckt,
in bezug auf die Achse OO bezeichnet wird.

Haben wir es insbesondere mit r i n g f ö r m i g e n K ö r p e r n
zu tun, deren halber Meridianschnitt
eine Symmetrieachse AA parallel zur
Rotationsachse OO mit dem Abstand r_0
besitzt (Fig. 81), so dürfen wir mit
$r = r_0 + z$ an Stelle von (4a) für das
ganze Ringvolumen auch schreiben

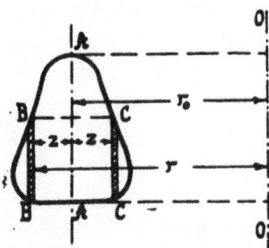

$$V = 2\pi r_0\int dF + 2\pi\int z\,dF. \text{ (5),}$$

Fig. 81.

worin sich die Integrationen über die
ganze Fläche des halben Meridian-
schnittes erstrecken. Infolgedessen entspricht jedem Flächenelemente BB im Abstande $+z$ von der Symmetrieachse ein
kongruentes CC im Abstande $-z$, so daß bei der als Sum-

mierung aufzufassenden Integration über $z\,dF$ sich je zwei entgegengesetzt gleiche Glieder aufheben und damit das ganze
zweite Integral in (3) verschwindet. Das erste Integral dagegen ist identisch mit der Fläche F des halben Meridianschnittes selbst, und damit vereinfacht sich der Ausdruck für
das Volumen von Ringkörpern mit einer Symmetrieachse im Abstande r_0 von der Rotationsachse in

$$V = 2\pi r_0\, F \quad . \quad . \quad . \quad . \quad . \quad . \quad (5\,\mathrm{a}).$$

3. Beispiel. Das Volumen des durch
Rotation einer Parabel $y^2 = 2px$ um ihre
Scheiteltangente entstehenden Rotationskörpers
Fig. 82) ist nach Gl. (4) mit $h = 2y$ und $r = x$

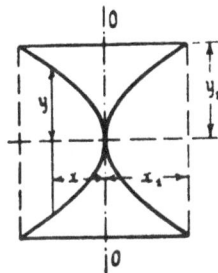

$$V = 4\pi \int_0^{x_1} y\,x\,d\,x = 4\pi \sqrt{2p} \int_0^{x_1} x^{\frac{3}{2}}\,d\,x$$

$$= \frac{8}{5}\,\pi \sqrt{2p}\, x_1^{\frac{5}{2}}$$

oder

$$V = \frac{8}{5}\,\pi\, x_1^2 y_1 \quad . \quad . \quad . \quad . \quad (6)$$

Fig. 82.

4. Beispiel. Das Volumen eines elliptischen Kreis-
ringes mit den Halbachsen a und b des Meridianschnittes, von denen
eine der Rotationsachse parallel ist, wird nach Gl. (5a) mit $F = \pi ab$

$$V = 2\pi^2 ab\, r_0 \quad . \quad . \quad . \quad . \quad . \quad . \quad . \quad (7)$$

und daraus dasjenigene eines Kreisringes mit dem Kreisquer-
schnitt $F = \pi a^2$

$$V = 2\pi^2 a^2 r_0 \quad . \quad . \quad . \quad . \quad . \quad . \quad . \quad (7\,\mathrm{a}).$$

Damit bestimmt sich sofort das Volumen eines hohlen Kreisringes mit einem Innenradius a_1 und einem Außenradius a_2 des Ring-
querschnittes zu

$$V = 2\pi^2 (a_2^2 - a_1^2) r_0 \quad . \quad . \quad . \quad . \quad . \quad (7\,\mathrm{b}).$$

Ist in Fig. 80 ds das Bogenelement der Meridiankurve eines
Rotationskörpers im Achsenabstand r, so überstreicht dasselbe
bei der vollen Drehung um die Achse OO einen Flächenstreifen
$d\Omega = 2\pi r\,ds$, woraus sich sofort für die ganze Oberfläche
des Körpers selbst

$$\Omega = 2\pi \int r\,ds \quad . \quad . \quad . \quad . \quad . \quad . \quad (8)$$

ergibt. Hierin kann sich die Integration über einen beliebigen Teil der Meridiankurve zwischen zwei Radien r_1 und r_2 erstrecken, dem dann auch nur ein Teil der ganzen Körperoberfläche entspricht.

Ist die Meridiankurve, wie in Fig. 81, symmetrisch zu einer Achse AA im Abstande r_0 von der Drehachse, so wird die ganze Oberfläche mit $r = r_0 + z$ dieses Ringes

$$\Omega = 2\pi r_0 \int ds + 2\pi \int z\, ds$$

oder, da jedes positive $z\, ds$ durch ein negatives aufgehoben wird, analog (5a), mit dem ganzen Umfang s des halben Meridianschnitts

$$\Omega = 2\pi r_0 s \quad . \quad . \quad . \quad . \quad . \quad (8a).$$

5. Beispiel. An einem geraden Kreiskegel (Fig. 83) vom halben Öffnungswinkel α ist $OP = s$ die Länge der Mantelgeraden von der Spitze aus bis zu einem beliebigen Punkte P mit dem Achsenabstand r, und daher wird mit

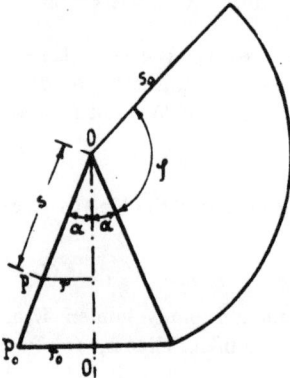

Fig. 83.

$$s = \frac{r}{\sin\alpha}, \quad ds = \frac{dr}{\sin\alpha}$$

aus (8) die Kegeloberfläche

$$\Omega = \frac{2\pi}{\sin\alpha}\int_0^{r_0} r\, dr = \frac{\pi r_0^2}{\sin\alpha} \quad . \quad (9).$$

Da hierin α den Komplementwinkel der Neigung von s gegen r bedeutet, so ist der Grundkreis des Kegels als Projektion der Mantelfläche aufzufassen. Setzen wir die ganze Mantellänge $OP_0 = s_0$, so ist wegen $r_0 = s_0 \sin\alpha$ auch

$$\Omega = \pi s_0^2 \sin\alpha \quad . \quad . \quad . \quad (9a)$$

oder wenn wir den Öffnungswinkel des die Abwicklung bildenden Kreissektors mit φ bezeichnen

$$\Omega = \frac{s_0^2 \varphi}{2},$$

so daß mit (9a)

$$\varphi = 2\pi \sin\alpha \quad . \quad . \quad . \quad . \quad . \quad (9b)$$

wird.

6. Beispiel. In einem Halbkreise mit dem Radius a (Fig. 84), durch dessen Rotation um die Achse $O'O$ eine Kugel entsteht, ist mit dem Neigungswinkel φ des Fahrstrahls gegen die Drehachse

$$r = a \sin \varphi, \quad ds = a \, d\varphi$$

und daher mit (8) die ganze K u g e l o b e r f l ä c h e.

$$\Omega = 2\pi a^2 \int_0^\pi \sin \varphi \, d\varphi = 4\pi a^2 \quad . \quad . \quad (10),$$

während z. B. die F l ä c h e e i n e r K u g e l h a u b e mit dem halben Öffnungswinkel φ

$$\Omega = 2\pi a^2 \int_0^\varphi \sin \varphi \, d\varphi = 2\pi a^2 (1 - \cos \varphi) \quad (10\,\text{a})$$

wird.

Fig. 84.

7. Beispiel. Die Oberfläche des im 4. Beispiel schon behandelten K r e i s r i n g e s folgt nach Gl. (8a) mit $s = 2\pi a$ zu

$$\Omega = 4\pi^2 r_0 a \quad . \quad . \quad . \quad . \quad . \quad . \quad . \quad . \quad (11).$$

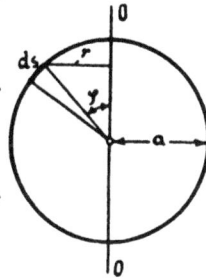

8*

Kapitel III.

Elemente der Mechanik.

§ 15. Geschwindigkeit und Beschleunigung bei geradliniger Bewegung.

Beobachten wir die uns umgebenden Körper, so zeigt sich, daß einzelne von ihnen, z. B. die Gebäude, ihre gegenseitige Lage beibehalten, andere dagegen, wie Fuhrwerke, Tiere und wir selbst, ihre Lage gegenüber den ersteren sowie untereinander verändern. Diese ersteren Körper befinden sich dann nach unserer Ausdrucksweise im Zustande der Ruhe (gegeneinander), die letzteren in demjenigen der Bewegung (gegenüber den ersteren sowie untereinander), wobei wir die in Klammern gesetzten genaueren Bezeichungen gewöhnlich unterdrücken. Zum Vergleich des offenbar sehr verschiedenartigen Ablaufes der beobachteten Bewegungen bedienen wir uns des Begriffes der Zeit, die wir einer Uhr entnehmen und als eine stetig zunehmende Größe ansehen. Wenn wir somit jedem Orte eines bewegten Körpers eine in Sekunden ausgedrückte Zeit zuordnen, so haben wir nur die beobachtete Bewegung mit der Drehung des Uhrzeigers in eine Beziehung gesetzt, ohne uns über das Wesen der letzteren Bewegung weitere Rechenschaft zu geben.

Nunmehr fassen wir eine bestimmte einfache Bewegung, z. B. die einer Lokomotive auf gerader horizontaler Strecke, ins Auge und tragen eine Reihe ihrer aufeinander folgenden Abstände s von einem Ausgangspunkte etwa mit Hilfe einer Karte als Ordinaten in ein Koordinatensystem ein, dessen Abszissen die zugehörigen Zeiten t sein mögen. Verbinden wir die verschiedenen Endpunkte der Ordinaten miteinander, so erhalten wir eine sog. Wegkurve (Fig. 85) mit der Gleichung

$$s = f(t) \quad \ldots \ldots \ldots \quad (1),$$

welche die Abhängigkeit des vom bewegten Körper zurückgelegten Weges s von der Zeit t angibt. Setzen wir für den Beginn der Wegmessung, d. h. für $s = 0$ auch $t = 0$, so geht die Wegkurve, wie aus Fig. 83 ersichtlich, durch den Koordinatenanfang O; die Abszissen und Ordinaten ihrer rückwärtigen Verlängerung entsprechen dann den bis zum Beginn unserer Messung verflossenen Zeiten und den darin zurückgelegten Strecken.

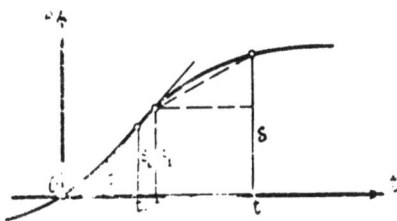

Fig. 85.

Da nun nach unserem Sprachgebrauche ein Bewegungsvorgang sich um so rascher abspielt, je kürzer die beim Durchlaufen einer Strecke $s - s_1$ verflossene Zeit $t - t_1$ ist, so stellt der Quotient

$$\frac{s - s_1}{t - t_1} = v \quad \ldots \ldots \ldots \quad (2)$$

ein Maß für die sog. Geschwindigkeit der Bewegung auf dieser Strecke dar. Vermindern wir mit der Zeit auch die durchlaufene Strecke, so nähern wir uns schließlich dem Grenzwerte

$$v = \lim \left(\frac{s - s_1}{t - t_1} \right) = \frac{ds}{dt} = \operatorname{tg} \tau \quad \ldots \ldots \quad (3)$$

der Geschwindigkeit im Endpunkte der Strecke s_1 zur Zeit t_1, die somit als Ableitung von Gl. (1) mit der trigonometrischen Tangente des Tangentenwinkels τ der Wegkurve übereinstimmt. Auf der endlichen Strecke $s - s_1$ wird diese Geschwindigkeit im allgemeinen selbst veränderlich sein, und daher kann der Quotient (2) nur die Bedeutung eines Mittelwertes, d. h. einer mittleren Geschwindigkeit haben.

Beide Ausdrücke (2) und (3) stimmen dann und nur dann überein, wenn die Geschwindigkeit an allen Punkten und zu

jeder Zeit denselben Wert besitzt. In diesem Falle der konstanten Geschwindigkeit sprechen wir von einer gleichförmigen Bewegung, der als Wegkurve eine Gerade (Fig. 86)
entspricht. Demgegenüber bezeichnen wir eine Bewegung mit
veränderlicher Geschwindigkeit als eine ungleichförmige,
und zwar, je nachdem die Geschwindigkeit mit der Zeit zu-
oder abnimmt, als eine beschleunigte oder verzögerte

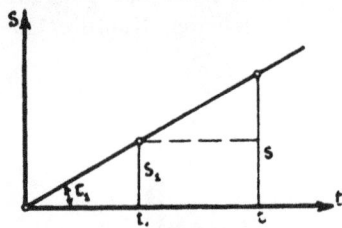

Fig. 86.

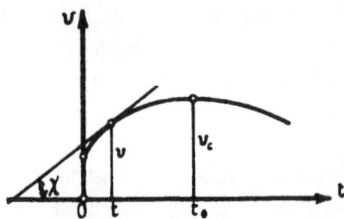

Fig. 87.

Bewegung. Um über die Veränderung der Geschwindigkeit
Aufschluß zu erhalten, leiten wir aus der Wegkurve Fig. 85
durch Auftragen der Werte $v = \operatorname{tg} \tau$ als Ordinaten in ihrer Abhängigkeit von der Zeit die sog. Geschwindigkeitskurve
(Fig. 87) ab, deren Gleichung durch

$$v = \frac{ds}{dt} = f'(t) \quad \ldots \ldots \quad (4)$$

gegeben ist. Bezeichnen wir ferner mit χ den Tangentenwinkel
dieser Kurve, so liefert

$$\frac{dv}{dt} = \frac{d^2 s}{dt^2} = f''(t) = \operatorname{tg} \chi \quad \ldots \ldots \quad (5)$$

das gesuchte Maß für die Änderung der Geschwindigkeit mit
der Zeit in gleicher Weise, wie $v = \operatorname{tg} \tau$ für den Zuwachs des
Weges mit der Zeit. Die Ableitung (5) der Geschwindigkeit
nach der Zeit, welche mit dem zweiten Differentialquotienten
des Weges nach der Zeit identisch ist, nennen wir alsdann
die Beschleunigung im Punkte s bzw. zur Zeit t. Verschwindet diese Beschleunigung an einer Stelle s_0 zur Zeit t_0
entsprechend einem Wendepunkte in der Wegkurve Fig. 85, so
erreicht dort nach den Sätzen des § 13 die Geschwindigkeit ein
Maximum oder ein Minimum v_0, während das Verschwinden
der Beschleunigung auf dem ganzen Wege bzw. zu allen Zeit-

punkten auf eine konstante Geschwindigkeit, also eine gleichförmige Bewegung hindeutet. **Die Geschwindigkeitskurve der durch Fig. 86 dargestellten gleichförmigen Bewegung ist demnach eine Parallele zur t-Achse.**

1. Beispiel. In Fig. 88 ist durch die gebrochene Linie $OA'A''$ $B'B''C$ die Wegkurve eines Eisenbahnzuges zwischen den beiden Endstationen O und C_0 dargestellt, der auf den Zwischenstationen A_0 und B_0 Aufenthalte besitzt, deren Dauer den Längen $A'A''$ und $B'B''$ entspricht, während die ganze Reisedauer durch die Länge OC' gegeben ist. Ein während dieser Reisedauer zwischen O und C_0 verkehrender, unterwegs nicht haltender Schnellzug verläßt die Ausgangsstation um die der Länge OO_1 entsprechende

Zeit später und überholt den ersten Zug auf der ersten Station während dessen Aufenthaltes, so daß seine Wegkurve durch die Gerade O_1C_1 mit der Reisezeit O_1C_1' dargestellt ist. Trägt man in derselben Weise nach dem Kursbuch weitere, auch in entgegengesetzter Richtung laufende Züge ein, so erhält man einen sog. **graphischen**

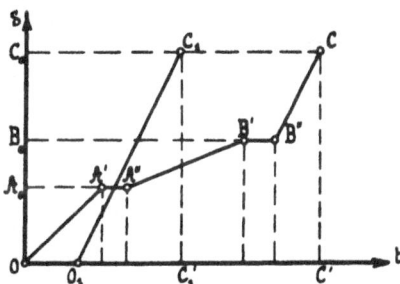

Fig. 88.

Fahrplan, wie er im Eisenbahnbetriebe zur Übersicht der Zugkreuzungen vielfach benutzt wird. Derselbe gibt natürlich über die infolge des beschleunigten Anlaufes und des verzögerten Auslaufes der Züge ungleichförmige Bewegung, bzw. über die Geschwindigkeitsänderungen während der Fahrt keine Auskunft, sondern liefert nur durch die Neigung der Wegkurvenstücke die mittlere Fahrgeschwindigkeit zwischen den Stationen.

2. Beispiel. Die Zeit zum Durchlaufen einer Weglänge s mit der mittleren Geschwindigkeit v ergibt sich durch Division beider zu $t = s : v$. Um daher in Fig. 89 von einem Punkte P_1 mit den Koordinaten x_1y_1 zu einem Punkte P_2 mit x_2y_2 auf der andern Seite der Abszissenachse über P mit x derart zu gelangen, daß die Geschwindigkeit oberhalb derselben unverändert gleich c_1, unterhalb dagegen c_2 ist, braucht man die Zeit

$$t = \frac{\sqrt{(x-x_1)^2 + y_1^2}}{c_1} + \frac{\sqrt{(x_2-x)^2 + y_2^2}}{c_2},$$

die somit nur noch von der durch x gegebenen Lage von P abhängt. Soll diese gesamte Bewegungsdauer ein Minimum sein, so folgt

$$\frac{dt}{dx} = \frac{x - x_1}{c_1\sqrt{(x - x_1)^2 + y_1^2}} - \frac{x_2 - x}{c_2\sqrt{(x_2 - x)^2 + y_2^2}} = 0$$

oder auch unter Einführung der Bahnwinkel ϑ_1 und ϑ_2 mit der Normalen in P

$$\frac{\sin\vartheta_1}{c_1} = \frac{\sin\vartheta_2}{c_2} \quad \text{oder} \quad \frac{\sin\vartheta_1}{\sin\vartheta_2} = \frac{c_1}{c_2}.$$

Es ist dies nichts anderes als das Snelliussche Brechungsgesetz eines Lichtstrahles an der Grenze zweier sog.

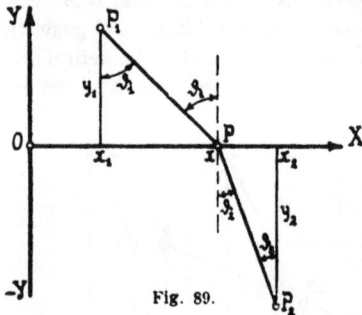

Medien, in denen somit das Licht verschiedene Geschwindigkeiten besitzt. Daß es sich hierbei nicht um ein Maximum von t handeln kann, folgt ohne Bestimmung des Vorzeichens der zweiten Ableitung von t nach x schon aus dem Umstande, daß t mit x selbst unbegrenzt wachsen muß, so daß also das Maximum $t = \infty$ erst für $x = \infty$ erreicht werden kann.

Fig. 89.

3. Beispiel. Lassen wir in einem luftleeren Raume — z. B. einer ausgepumpten Glasröhre — beliebige Körper herabfallen, so beobachten wir, daß sie sämtlich in gleichen Zeiten dieselben Strecken s zurücklegen, welche ihrerseits den Quadraten der Fallzeiten t proportional sind, so zwar, daß mit einem konstanten Faktor a

$$s = a t^2 \quad . \quad . \quad . \quad . \quad . \quad . \quad . \quad . \quad (6).$$

Dies ist aber nach § 5 Gl. (11) die Scheitelgleichung einer Parabel, die hiernach die Wegkurve bildet, welche wir der Fallbewegung gemäß in Fig. 90 mit nach unten gerichteten Ordinaten gezeichnet haben. Durch Differentiation erhalten wir weiter mit $2a = g$

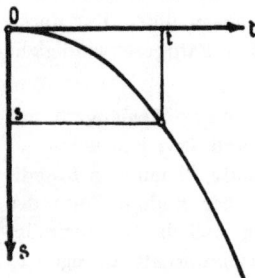

$$v = 2at = gt \quad . \quad . \quad . \quad (6\,\text{a}),$$

d. h. die Fallgeschwindigkeit im luftleeren Raume wächst proportional der Zeit. Schließlich folgt daraus noch

Fig. 90.

$$\frac{dv}{dt} = \frac{d^2s}{dt^2} = 2a = g \quad . \quad (6\,\text{b}),$$

also eine konstante nach unten gerichtete Beschleunigung, die sich durch den Versuch zu $g = 9{,}81$ m/Sek^2 ergibt, wenn wir den Weg in Metern m, die Zeit in Sekunden und daher die Geschwindigkeit v in m/Sek ausdrücken, wonach die Beschleunigung

durch nochmalige Division mit der Zeit in m/Sek² erscheint. Die
so ermittelte konstante Beschleunigung g, der alle Körper an der Erdoberfläche unterworfen sind, wollen wir kurz die **Erdbeschleunigung** nennen.

§ 16. Geschwindigkeit und Beschleunigung bei krummliniger Bewegung.

Die im letzten Paragraphen betrachtete gradlinige Bewegung
ist, wie die Beobachtung unserer Umgebung zeigt, ein nur selten
vorkommender Spezialfall. Meistens beschreiben die einzelnen
Punkte eines bewegten Körpers sehr verwickelte Kurven, die
wir als ihre **Bahnen** bezeichnen wollen. Die analytische Geometrie hat uns nun gelehrt, diese Bahnen durch Gleichungen
zwischen ihren Koordinaten darzustellen, die im Falle eines bewegten Punktes ebenso mit der Zeit veränderlich sind, wie der
Abstand s von einer Anfangslage bei geradliniger Bewegung.
Haben wir es also mit einer **ebenen** Bahn zu tun, so können
wir die Abhängigkeit der Punktkoordinaten x, y von der Zeit t
durch zwei Gleichungen

$$x = f_1(t), \quad y = f_2(t) \quad . \quad . \quad . \quad . \quad . \quad (1)$$

ausdrücken, aus denen durch Elimination der Zeit t die Bahngleichung resultiert. Durch die beiden Gleichungen (1) haben
wir also die krummlinige Bewegung des betrachteten Punktes
auf die beiden geradlinigen Bewegungen seiner Projektionen in
der X- und Y-Richtung zurück-
geführt, bzw. i n z w e i z u e i n -
ander senkrechte gerad-
linige Bewegungen zer-
legt, deren Vereinigung oder
Zusammensetzung die krummlinige Bewegung wieder ergeben
würde.

Bezeichnen wir nun ein Element der Bahn (Fig. 91) selbst
mit ds, den Tangentenwinkel

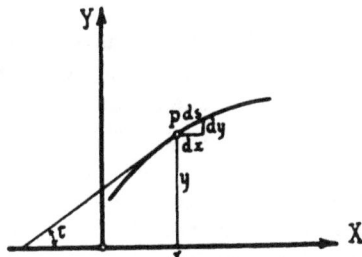

Fig. 91.

der Bahn an der ins Auge gefaßten Stelle gegen die X-Achse
mit τ, und die Differentiale der Koordinaten mit dx bzw. dy,
so ist, wie schon in § 8 an Hand der Fig. 53 gezeigt wurde,

$$dx = ds \cos\tau, \quad dy = ds \sin\tau \quad . \quad . \quad . \quad . \quad (2).$$

Dividieren wir diese unendlich kleinen Strecken auf den Koordinatenachsen mit dem Zeitelemente dt, so erhalten wir offenbar die **Geschwindigkeiten der Projektionen** des Punktes, nämlich

$$\frac{dx}{dt} = \frac{ds}{dt} \cos\tau, \quad \frac{dy}{dt} = \frac{ds}{dt} \sin\tau \ . \ \ . \ \ . \ \ (2\,\text{a}),$$

während analog $ds:dt$ die **Bahngeschwindigkeit** bedeutet. Schreiben für diese kürzer v, für die der Projektionen bzw. v_x und v_y, so haben wir auch mit Rücksicht auf (1)

$$\left. \begin{array}{l} v_x = v \cos\tau = f_1'(t) \\ v_y = v \sin\tau = f_2'(t) \end{array} \right\} \quad \ . \ \ . \ \ . \ \ . \ \ (3).$$

Daraus folgt aber sofort durch Quadrieren und Addieren

$$v_x{}^2 + v_y{}^2 = v^2 \ . \ \ . \ \ . \ \ . \ \ . \ \ . \ \ (3\,\text{a})$$

d. h. die als Strecke aufgetragene Bahngeschwindigkeit bildet mit den beiden Geschwindigkeiten der Projektionen ein rechtwinkliges Dreieck (Fig. 92), dessen einer Winkel, nämlich zwischen v

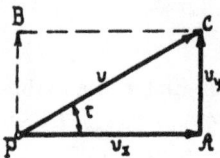

Fig. 92.

und v_x mit dem Tangentenwinkel der Bahn gegen die X-Achse übereinstimmt. In diesem Dreieck bezeichnen wir nun die Projektionsgeschwindigkeiten als die beiden **Geschwindigkeitskomponenten**, die Bahngeschwindigkeit als ihre **Resultante**, die wir auch als Diagonale PC des aus den Komponenten PA und PB gebildeten Rechteckes auffassen können. Die Bewegung des Punktes in der Bahn vollzieht sich also genau so, als wenn wir ihm zwei zueinander senkrechte, voneinander unabhängige Geschwindigkeiten erteilt hätten, deren jede für sich mit der Zeit veränderlich oder konstant sein kann. Sind beide Geschwindigkeitskomponenten v_x und v_y konstant, so gilt dies nach (3 a) nicht nur von der Resultante, sondern auch vom Neigungswinkel der Bahn, der sich aus (3) durch Division zu

$$\operatorname{tg}\tau = \frac{v_y}{v_x} = \frac{dy}{dx} \ . \ \ . \ \ . \ \ . \ \ . \ \ (3\,\text{b})$$

berechnet, d. h. **zwei zueinander senkrechte konstante Geschwindigkeitskomponenten haben eine geradlinige gleichförmige Bewegung zur Folge.**

Es fragt sich nun, ob wir einem Punkte auch zwei zueinander um den Winkel ϑ geneigte Geschwindigkeiten v' und
v'' erteilen können. Ist dieser Winkel $\vartheta = 0$, so sind diese Geschwindigkeiten gleich gerichtet, was darauf hinausläuft, daß
wir etwa die Unterlage, auf der sich der Punkt mit der Geschwindigkeit v' bewegt, in derselben Richtung mit der Geschwindigkeit v'' fortschreiten lassen. Alsdann addiert sich die
Bewegung der Unterlage einfach zu der des Punktes auf ihr,
d. h. zwei gleichgerichtete Geschwindigkeiten addieren
sich algebraisch. Diesen Satz wenden wir nun sofort auf
die Komponenten der gegeneinander ge-
neigten Geschwindigkeiten v' und v'' an,
die wir in Fig. 93 mit $v_x' v_y'$, $v_x'' v_y''$ bezeichnen und erhalten dadurch die Komponenten der Resultante, nämlich

$$v_x = v_x' + v_x'', \quad v_y = v_y' + v_y'',$$

während die Resultante v selbst sich aus

$$v^2 = v_x^2 + v_y^2 = (v_x' + v_x'')^2 + (v_y' + v_y'')^2$$

berechnet. Lösen wir die Klammern auf und beachten, daß
nach (3a)

$$v_x'^2 + v_y'^2 = v'^2, \quad v_x''^2 + v_y''^2 = v''^2$$

ist, so folgt

$$v^2 = v'^2 + v''^2 + 2(v_x' v_x'' + v_y' v_y'').$$

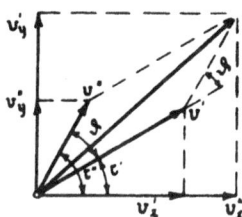

Fig. 93.

Sind weiter τ' und τ'' die Winkel von v' und v'' gegen die
X-Achse, so ist

$$\frac{v_x'}{v'} = \cos\tau', \quad \frac{v_x''}{v''} = \cos\tau'', \quad \frac{v_y'}{v'} = \sin\tau', \quad \frac{v_y''}{v''} = \sin\tau''$$

oder

$$v_x' v_x'' + v_y' v_y'' = v' v''(\cos\tau'\cos\tau'' + \sin\tau'\sin\tau'')$$
$$= v' v'' \cos(\tau'' - \tau')$$

und, da $\tau'' - \tau' = \vartheta$ den Neigungswinkel zwischen v' und v'' bedeutet

$$v^2 = v'^2 + v''^2 + 2 v' v'' \cos\vartheta \quad \ldots \quad (4).$$

Die Resultante zweier zueinander geneigter Geschwindigkeiten ergibt sich also, wie in Fig. 93 angedeutet ist, als Diagonale des aus den beiden Geschwindigkeiten gebildeten Parallelogramms, bzw.
als Schlußlinie des Dreiecks der aneinander ge-

reihten Komponenten. Dieser Satz ist offenbar die Ver-
allgemeinerung der Zusammensetzung zweier rechtwinkeliger Geschwindigkeiten und läßt sich ohne weiteres auf mehr als zwei
Geschwindigkeiten ausdehnen, durch deren Aneinander-
reihung sich ein Polygon ergibt, dessen Schlußlinie
nach Größe und Richtung die resultierende Geschwindigkeit darstellt.

Wir kehren nunmehr wieder zu der durch die Formeln (1)
bzw. (3) gegebenen krummlinigen Bewegung eines Punktes in
einer ebenen Kurve zurück und bilden durch weitere Ableitung
von (3) die Beschleunigungen der Projektionen auf
beide Achsen, die wir mit q_x und q_y bezeichnen wollen, so
daß also

$$\left.\begin{aligned} q_x &= \frac{dv_x}{dt} = \frac{d^2x}{dt^2} = f_1''(t) \\ q_y &= \frac{dv_y}{dt} = \frac{d^2y}{dt^2} = f_2''(t) \end{aligned}\right\} \quad \cdots \cdots \quad (5)$$

ist. Führen wir die Differentiation in der Formel (3a) durch,
so folgt

$$v_x \frac{dv_x}{dt} + v_y \frac{dv_y}{dt} = v \frac{dv}{dt}$$

oder nach Division mit v sowie Einführung von q_x und q_y
nach (5)

$$\frac{v_x}{v} q_x + \frac{v_y}{v} q_y = \frac{dv}{dt},$$

wofür wir auch mit Rücksicht auf (3) schreiben dürfen

$$\frac{dv}{dt} = q_x \cos \tau + q_y \sin \tau \quad \cdots \cdots \quad (6).$$

Hierin bedeutet aber $\frac{dv}{dt} = \frac{d^2s}{dt^2}$ nichts anderes als die Beschleunigung längs der Bahn, die sog. Bahnbeschleuni-
gung, die mit der Bahngeschwindigkeit die Richtung der Bahntangente besitzt und durch Summierung der Projektionen der beiden als Strecken
von bestimmter Länge gegebenen sog. Achsenbeschleunigungen q_x und q_y auf diese Tangente erhalten wird (Fig. 94).

Um weiterhin zu entscheiden, ob nicht auch senkrecht zur Bahn eine Beschleunigung wirkt, differenzieren wir die Gl. (3 b) beiderseitig und erhalten

$$\frac{d\tau}{\cos^2 \tau} = \frac{v_x\, dv_y - v_y\, d v_x}{v_x^2}$$

oder wegen $v_x = v \cos \tau$ und nach Division mit dt

$$\frac{d\tau}{dt} = \frac{v_x}{v^2}\frac{dv_y}{dt} - \frac{v_y}{v^2}\frac{dv_x}{dt}.$$

Daraus wird unter Einführung des **Krümmungs-radius** ϱ **der Bahn** § 12 Gl. (11 b)durch $ds = \varrho\, d\tau$, sowie mit (3) und (5)

$$\frac{v}{\varrho}\frac{ds}{dt} = q_y \cos \tau - q_x \sin \tau,$$

oder, da $\dfrac{ds}{dt} = v$ ist, auch

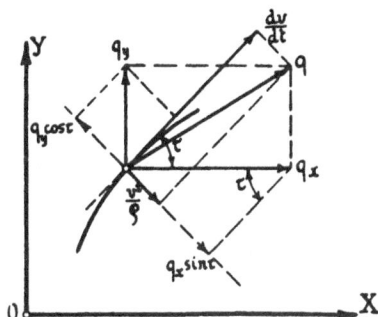

Fig. 94.

$$\frac{v^2}{\varrho} = q_y \cos \tau - q_x \sin \tau \;\; \ldots \ldots \; (7).$$

Die rechte Seite dieser Gleichung stellt aber die Differenz, bzw. die algebraische Summe der Projektionen der beiden Achsenbeschleunigungen auf die Normale zur Bahn dar (Fig. 94), welche somit eine sog. Normalbeschleunigung im Betrage $v^2 : \varrho$ ergibt. Quadrieren und addieren wir die beiden Formeln (6) und (7), so folgt unabhängig von der (willkürlichen) Lage des Achsenkreuzes

$$\left(\frac{dv}{dt}\right)^2 + \left(\frac{v^2}{\varrho}\right)^2 = q_x^2 + q_y^2 = q^2 \; \ldots \ldots \; (8),$$

wonach wir q als die **resultierende Beschleunigung** ansprechen können, die sich, wie in Fig. 94 ersichtlich, sowohl aus den beiden Achsenbeschleunigungen, wie auch aus der Bahn- und Normalbeschleunigung nach derselben Regel zusammensetzt wie die Bahngeschwindigkeit aus ihren beiden Komponenten.

Infolge des Auftretens der Normalbeschleunigung fällt die resultierende Beschleunigung nicht in die Bahntangente. Dies kann vielmehr nur dann eintreten, wenn mit $\varrho = \infty$ die Bahn geradlinig ist oder an der ins Auge gefaßten Stelle einen Wendepunkt besitzt. **Hiernach können wir die Normalbeschleunigung geradezu als die Ursache der Abweichung des bewegten Punktes von der geraden Bahn ansehen und müssen ferner schließen, daß sie nach der Seite dieser Abweichung, d. h. nach dem Krümmungsmittelpunkt der Bahn gerichtet ist.** Aus diesem Grunde wird sie häufig als Zentripetalbeschleunigung angesprochen, während die ihr entgegengesetzt gerichtete Zentrifugalbeschleunigung den Körper in die Bahntangente zurückzuführen strebt.

     1. Beispiel. Wie wir am Schlusse des letzten Paragraphen aus der Erfahrung ableiteten, unterliegt jeder Körper in der Nähe der Erdoberfläche einer vertikal nach unten gerichteten konstanten Beschleunigung g, wenn wir von dem störenden Einflusse der Luft absehen dürfen. Dies trifft auch noch für eine **Wurfbewegung in beliebiger Richtung** zu, die wir uns nach den obenstehenden Ausführungen in eine horizontale und vertikale zerlegt denken können. Da in horizontaler Richtung somit keine Beschleunigung wirkt, so ist hierfür $q_x = 0$ zu setzen, während bei nach oben gerichteter Y-Achse die Vertikalbeschleunigung $q_y = -g$ wird. Damit lauten die beiden Formeln (5)

$$\frac{d v_x}{d t} = 0, \quad \frac{d v_y}{d t} = -g \quad \ldots \ldots \ldots (9)$$

und liefern durch Integration mit zwei Konstanten c_1 und c_2

$$v_x = c_1, \quad v_y = c_2 - g t \quad \ldots \ldots \ldots (9\,\text{a}),$$

d. h. **die Horizontalbewegung eines im luftleeren Raume geworfenen Körpers verläuft gleichförmig, die aufwärts gerichtete Vertikalbewegung dagegen gleichförmig verzögert.** Die beiden Konstanten c_1 und c_2 bedeuten offenbar nichts anderes als die Anfangswerte der beiden Geschwindigkeitskomponenten für die Zeit $t = 0$, in der die Bewegung im Koordinatenanfang, d. h. mit $x = 0$, $y = 0$ beginnen möge. Schreiben wir dann an Stelle von (9a)

$$\frac{d x}{d t} = c_1, \quad \frac{d y}{d t} = c_2 - g t,$$

so folgt durch abermalige Integration

$$x = c_1 t, \quad y = c_2 t - \frac{g}{2} t^2 \quad \ldots \ldots \ldots (10),$$

woraus sich nach Elimination von t die **Bahngleichung**

$$y = \frac{c_2}{c_1} x - \frac{g}{2 c_1^2} x^2 \quad \ldots \ldots \ldots (10\,\text{a})$$

ergibt. Setzen wir hierin $y = 0$, so erhalten wir aus

$$\frac{x}{c_1}\left(c_2 - \frac{g\,x}{2\,c_1}\right) = 0$$

die beiden Wurzeln $x_1 = 0$, $x_2 = \dfrac{2\,c_1\,c_2}{g}$, von denen die erste dem Aus-

gangspunkt O, die zweite dem Punkte A in Fig. 95 zugehört und die

sog. **Wurfweite** darstellt. Die **größte Höhe der Wurfbahn** wird im Punkte S

für $\dfrac{d\,y}{d\,t} = v_y = 0$, also nach (9a) für die

Zeit $t_0 = \dfrac{c_2}{g}$ erreicht; ihr entsprechen

nach (10) die Koordinaten

$$x_0 = \frac{c_1\,c_2}{g}, \quad y_0 = \frac{c_2{}^2}{2\,g} \quad . \quad (10\,b),$$

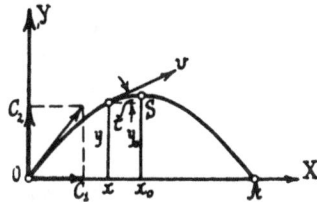

Fig. 95.

wovon die Abszisse mit der halben Wurfweite übereinstimmt. Verschieben wir den Koordinatenanfang nach S, setzen also $x = x_0 + \xi$,
$y = y_0 + \eta$, so geht (10a) über in

$$\eta = \frac{g}{2\,c_1}\,\xi^2 \quad . \quad . \quad . \quad . \quad . \quad . \quad . \quad . \quad (10\,c),$$

also in die **Scheitelgleichung** einer **Parabel** mit vertikaler Achse,
weshalb man auch die Bahn kurz als **Wurfparabel** bezeichnet. Sie
läßt sich praktisch am genauesten an einem Flüssigkeitsstrahl ver-
wirklichen, weil hierbei der Einfluß der umgebenden Luft nur sehr
gering ist.

Die **Bahngeschwindigkeit** v an einer beliebigen Stelle folgt
nunmehr aus (9a) zu

$$v^2 = v_x{}^2 + v_y{}^2 = c_1{}^2 + c_2{}^2 - 2\,g\left(c_2\,t - \frac{g}{2}\,t^2\right)$$

oder unter Einführung der Anfangsgeschwindigkeit c durch $c_1{}^2 + c_2{}^2 = c^2$
sowie mit (10)

$$v^2 = c^2 - 2\,g\,y \quad . \quad . \quad . \quad . \quad . \quad . \quad . \quad (11),$$

d. h. bei **vorgelegter Anfangsgeschwindigkeit ist die
Bahngeschwindigkeit in der Wurfparabel nur von der
Höhe über dem Ausgangspunkt abhängig.** Weiter folgt
aus (11) durch Differentiation

$$\frac{v\,d\,v}{d\,t} = -g\,\frac{d\,y}{d\,t} = -g\,v_y,$$

woraus nach Dividieren mit v sowie unter Einführung der Bahnneigung τ die **Bahnbeschleunigung**

$$\frac{dv}{dt} = -g \sin \tau \quad \ldots \quad \ldots \quad (11\,\mathrm{a})$$

hervorgeht, während die Normalbeschleunigung sich aus (7) zu

$$\frac{v^2}{\varrho} = -g \cos \tau \quad \ldots \quad \ldots \quad (11\,\mathrm{b})$$

berechnet.

2. Beispiel. Bewegt sich ein Punkt in einem Kreise vom Radius r um den Anfang O, so ist mit dem von der Abszissen-achse aus gerechneten Drehwinkel des Fahrstrahls (Fig. 16) das Bogen-element $ds = r\,d\varphi$ und daher die Bahngeschwindigkeit

$$v = \frac{ds}{dt} = r\,\frac{d\varphi}{dt} = r\,\omega \quad \ldots \quad \ldots \quad (12),$$

worin $\dfrac{d\varphi}{dt} = \omega$ die Winkelgeschwindigkeit der Drehung um O heißt. Ist im besonderen Falle die Bahngeschwindigkeit konstant, so trifft dies auch für die Winkelgeschwindigkeit ω zu, und wir erhalten für die Projektion des Punktes auf die beiden Achsen

$$\left.\begin{array}{l} x = r \cos \varphi = r \cos \omega\,t \\ y = r \sin \varphi = r \sin \omega\,t \end{array}\right\} \quad \ldots \quad \ldots \quad (12\,\mathrm{a}),$$

wenn wir die Zeit vom Momente des Passierens des Punktes A auf der Abszissenachse an rechnen, also $\varphi = \omega\,t$ setzen. Hieraus folgt sofort, daß die Wegkurven beider Achsenbewegungen Sinuslinien sind, bzw. daß die beiden Projektionen des im Kreise bewegten Punktes wie dieser selbst periodisch immer wieder dieselbe Lage mit derselben Geschwindigkeit passieren. Einen solchen Vorgang bezeichnen wir alsdann als eine Schwingungsbewegung oder kurzweg als Schwingung, die Zeit zwischen zwei aufeinander folgenden gleich-sinnigen Durchgängen durch dieselbe Lage als die Schwingungs-dauer, die hier offenbar mit der Dauer eines ganzen Umlaufes der Kreisbewegung

$$t_0 = \frac{2\pi}{\omega} \quad \ldots \quad \ldots \quad (12\,\mathrm{b})$$

zusammenfällt. Daher kann man auch an Stelle von (12 a) schreiben

$$\left.\begin{array}{l} x = r \cos 2\pi\,\dfrac{t}{t_0} \\ y = r \sin 2\pi\,\dfrac{t}{t_0} \end{array}\right\} \quad \ldots \quad \ldots \quad (12\,\mathrm{c}).$$

Die Geschwindigkeitskomponenten der Kreisbewegung, welche mit den Geschwindigkeiten der Schwingungen in den Achsen-richtungen zusammenfallen, sind hiernach

$$v_x = \frac{dx}{dt} = -r\,\omega \sin \omega t = -v \sin \omega t \left.\right\}$$
$$v_y = \frac{dy}{dt} = \quad r\,\omega \cos \omega t = \quad v \cos \omega t \left.\right\} \quad \ldots \ldots (13)$$

also ebenfalls periodisch veränderlich. Schließlich erhalten wir für die Beschleunigungskomponenten mit Rücksicht auf (5)

$$q_x = \frac{dv_x}{dt} = -v\,\omega \cos \omega t = -r\,\omega^2 \cos \omega t = -\omega^2 x \left.\right\}$$
$$q_y = \frac{dv_y}{dt} = -v\,\omega \sin \omega t = -r\,\omega^2 \sin \omega t = -\omega^2 y \left.\right\} \quad (13\,\text{a}),$$

d. h. wiederum eine periodische Veränderlichkeit, während die resultierende Beschleunigung bei konstantem v und wegen der Übereinstimmung des Krümmungsradius ϱ mit r sich zu

$$q = \sqrt{q_x^2 + q_y^2} = -r\,\omega^2 = -\frac{v^2}{r} \quad \ldots (13\,\text{b})$$

ergibt, mithin mit der Normalbeschleunigung zusammenfällt. Wegen der durch (5) gegebenen Bedeutung der Komponenten q_x und q_y dürfen wir mit Rücksicht auf (12a) an Stelle von (13a) auch schreiben

$$\frac{d^2 x}{dt^2} + \omega^2 x = 0, \quad \frac{d^2 y}{dt^2} + \omega^2 y = 0 \quad \ldots (13\,\text{c}).$$

Man übersieht, daß die Gleichungen (12a) im Einklang mit Beispiel 4 § 12 Lösungen dieser letzten Formeln darstellen, sowie daß sowohl die resultierende Beschleunigung, wie auch ihre Komponenten dem Abstande vom Koordinatenanfang proportional und wegen des negativen Vorzeichens nach diesem Anfang hin gerichtet sind.

3. Beispiel. Bewegt sich ein Punkt unter dem Einfluß einer beliebigen Beschleunigung auf einer fest vorgeschriebenen Bahn, so kann er offenbar der normal zur Bahn gerichteten Beschleunigungskomponente nicht folgen, die mithin wirkungslos wird. Liegt die Bahn (Fig. 96) insbesondere in einer Vertikalebene, so unterliegt der Punkt P der nach unten gerichteten Erdbeschleunigung g,

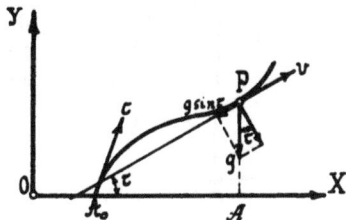

Fig. 96.

von der indessen nur die Komponente $g \sin \tau$ in der Tangentenrichtung zur Wirkung gelangt, so daß wir für die Bahnbeschleunigung erhalten

$$\frac{dv}{dt} = -g \sin \tau \quad \ldots \ldots \ldots (14).$$

Multiplizieren wir diese Gleichung beiderseitig mit ds und beachten, daß $ds = v\,dt$ und mit $AP = y$, $ds \sin \tau = dy$ ist, so folgt

$$v\,dv = - g\,ds\,\sin \tau = - g\,dy \quad \ldots \ldots \quad (14\,\text{a}),$$

oder integriert

$$\frac{v^2}{2} = C - g\,y.$$

Passiert ferner der Punkt die Abszissenachse bei A_0 mit der Geschwindigkeit c, so wird mit $y = 0$

$$\frac{c^2}{2} = C$$

oder

$$v^2 = c^2 - 2\,g\,y \quad \ldots \ldots \ldots \quad (14\,\text{b}).$$

Das ist aber dieselbe Gleichung, die wir bereits oben unter (11) für die Geschwindigkeitsänderung längs der Wurfparabel unter dem Einflusse der Erdbeschleunigung erhielten, so daß allgemein die **Bahngeschwindigkeit bei vorgelegter Anfangsgeschwindigkeit nur mit der Höhenlage über dem Ausgangspunkt variiert, und zwar unabhängig von der Form der freien oder vorgeschriebenen Bahn.** Durchfällt also ein Körper eine Höhe $h = - y$ ohne Anfangsgeschwindigkeit, d. h. mit $c = 0$, so kommt er unten stets mit der Geschwindigkeit $v = \sqrt{2\,g\,h}$ an, deren Richtung natürlich je nach der durchlaufenen Bahn sehr verschieden sein kann.

4. **Beispiel.** Der Endpunkt P einer um O drehbaren Geraden (Fig. 97) beschreibt einen Kreisbogen, der als fest vorgeschriebene Bahn im Sinne des vorigen Beispiels anzusehen ist. Befindet sich in P ein kleiner Körper, der mit O durch einen dünnen Draht verbunden ist, so erhalten wir ein sog. **Pendel**, welches dann als ein **mathematisches Pendel** bezeichnet wird, wenn die Erdbeschleunigung g nur auf den Endpunkt P wirkt. Ist φ der **Ausschlagswinkel** des Pendels aus der Vertikalen OA_0, so erhalten wir mit der Pendellänge $OA_0 = OP = l$ für die Bahngeschwindigkeit

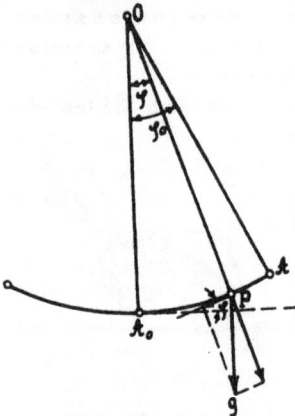

Fig. 97.

$$v = \frac{l\,d\varphi}{d\,t}$$

und, da hier $\tau = \varphi$ ist, aus (14)

$$\frac{d^2\varphi}{d\,t^2} = - \frac{g}{l} \sin \varphi \quad \ldots \ldots \ldots \quad (15),$$

worin $\frac{d^2\varphi}{dt^2}$ die sog. **Winkelbeschleunigung** bedeutet. Für kleine Ausschläge φ, deren Sinus nach § 12 Gl. (5 a) mit dem Bogen vertauscht werden darf, dürfen wir hierfür angenähert schreiben

$$\frac{d^2\varphi}{dt^2} = -\frac{g}{l}\,\varphi \quad \cdots \cdots \cdots \quad (15\,a),$$

eine Gleichung, die uns schon mehrfach, zuletzt im obigen 2. Beispiele begegnet ist, wenn wir von der Verschiedenheit der Bezeichnung der Veränderlichen und des konstanten Faktors rechts absehen. Die allgemeinste Lösung ist schon im 4. Beispiel des § 12 gegeben worden; sie enthält zwei zunächst willkürliche Konstanten A und B und lautet, wenn wir dort [vgl. Gl. (10)] $y = \varphi$, $\alpha^2 = \frac{g}{l}$ setzen

$$\varphi = A \cos t\sqrt{\frac{g}{l}} + B \sin t\sqrt{\frac{g}{l}} \quad \cdots \cdots \quad (16).$$

Durch zweimalige Differentiation und Einsetzen in (15 a) kann sich der Leser nochmals von der Richtigkeit dieses Ergebnisses überzeugen. Soll nun für $t = 0$, $\varphi = 0$ sein, so folgt hieraus $A = 0$, so daß sich (16) in

$$\varphi = B \sin t\sqrt{\frac{g}{l}} = \varphi_0 \sin t\sqrt{\frac{g}{l}} \quad \cdots \cdots \quad (16\,a)$$

vereinfacht, worin $B = \varphi_0$ offenbar den größten Ausschlag bedeutet, der hiernach zu beiden Seiten der Vertikalen gleich ausfällt. Das Pendel vollzieht also eine **Schwingungsbewegung** analog der im 2. Beispiel oben besprochenen Bewegung der Projektion eines gleichförmig in einem Kreise laufenden Punktes. Es erreicht den Ausgangspunkt mit gleichgerichteter Geschwindigkeit wieder nach der vierfachen Zeit zum einmaligen Durchlaufen des Bogens $\varphi = \varphi_0$, der (in 16 a) ein Bogen von

$$t\sqrt{\frac{g}{l}} = \frac{\pi}{2}$$

entspricht. Daher ist die ganze **Schwingungsdauer** des Pendels für einen vollen Hin- und Hergang

$$t_0 = 2\,\pi\sqrt{\frac{l}{g}} \quad \cdots \cdots \cdots \quad (17)$$

zwar abhängig von der Pendellänge, nicht aber von der Größe des Ausschlagswinkels φ_0, wenn dieser nur als klein angesehen werden darf. Hierauf beruht die Verwendung des Pendels zur direkten **Zeitmessung** bzw. zur Regulierung von Uhren.

5. **Beispiel.** Lassen wir das in Fig. 97 dargestellte Pendel um die Vertikale OA_0 mit einer Winkelgeschwindigkeit ω gleichförmig

rotieren, so stellt sich erfahrungsgemäß eine bestimmte Neigung φ der Pendelgeraden OP derart ein, daß der kleine Körper P einen horizontalen Kreis beschreibt (Fig. 98), dessen Radius $r = l \sin \varphi$ ist. Die auf den Pendelkörper wirkende Erdbeschleunigung zerfällt in diesem Falle in zwei Komponenten, von denen die eine in die Richtung OP fallende durch die starre Gerade aufgehoben wird, während die Horizontalkomponente $g \operatorname{tg} \varphi$ nach dem Kreismittelpunkte zu gerichtet ist und daher mit der Normalbeschleunigung $r \omega^2$ der Kreisbewegung (vgl. Beispiel 2) übereinstimmt. Wir erhalten aber durch Gleichsetzen

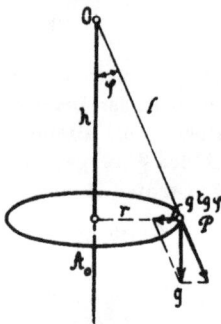

$$r \omega^2 = l \sin \varphi \, \omega^2 = g \operatorname{tg} \varphi$$

oder

$$l \cos \varphi = h = \frac{g}{\omega^2} \quad \ldots \quad (18),$$

Fig. 98.

so daß also jeder Winkelgeschwindigkeit ω ein bestimmter Ausschlagswinkel φ bzw. ein Abstand h des Kreismittelpunktes vom Aufhängepunkt O entspricht. Infolgedessen kann man aus dieser Höhe h unmittelbar die Größe der Winkelgeschwindigkeit

$$\omega = \sqrt{\frac{g}{h}} \quad \ldots \ldots \ldots \ldots (18a)$$

ermitteln, weshalb man ein derartiges Zentrifugalpendel wohl auch als Tachometer bezeichnet. Ist t_0 die Umlaufszeit der Rotation, so hat man auch $\omega t_0 = 2 \pi$ oder

$$t_0 = 2 \pi \sqrt{\frac{h}{g}} \quad \ldots \ldots \ldots (18b).$$

Die Umlaufszeit eines Zentrifugalpendels stimmt demnach mit der Schwingungsdauer Gl. (17) des mathematischen Pendels überein, dessen Länge gleich dem Abstand des Rotationskreises vom Aufhängepunkte ist.

§ 17. Die Zentralbewegung.

Geht die Richtung der resultierenden Beschleunigung q während des ganzen Bewegungsvorgangs durch einen festen Punkt, das sog. Beschleunigungszentrum, so sprechen wir von einer Zentralbewegung. Verlegen wir der Einfachheit halber den Koordinatenanfang O in das Beschleunigungszentrum und bezeichnen den Fahrstrahl des bewegten Punktes (*xy*) mit *r* (Fig. 99), so sind die beiden Beschleunigungskomponenten

$$q_x = q \frac{x}{r}, \quad q_y = q \frac{y}{r} \quad \ldots \ldots \quad (1).$$

Multiplizieren wir diese Formeln mit dx und dy und addieren, so erhalten wir wegen $x^2 + y^2 = r^2$ oder $x\,dx + y\,dy = r\,dr$

$$q_x\,dx + q_y\,dy = q \frac{x\,dx + y\,dy}{r} = q\,dr \quad (1\,\text{a}).$$

Anderseits ist aber auch

$$\left. \begin{array}{ll} v_x = \dfrac{dx}{dt}, & v_y = \dfrac{dy}{dt} \\[2mm] q_x = \dfrac{dv_x}{dt}, & q_y = \dfrac{dv_y}{dt} \end{array} \right\} \quad (2)$$

oder eingesetzt in (1 a)

$$v_x\,dv_x + v_y\,dv_y = q\,dr \quad . \quad (2\,\text{a}).$$

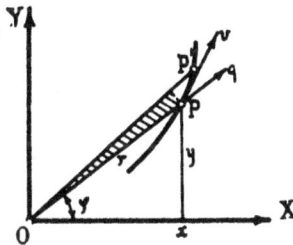

Fig. 99.

Daraus folgt schließlich unter Einführung der Bahngeschwindigkeit *v* durch

$$\left. \begin{array}{l} v_x^2 + v_y^2 = v^2 \\[1mm] v_x\,dv_x + v_y\,dv_y = v\,dv \end{array} \right\} \quad \ldots \ldots \quad (3)$$

kürzer

$$v\,dv = q\,dr \quad \ldots \ldots \ldots \quad (4),$$

oder

$$q = v \frac{dv}{dr} = \frac{1}{2} \frac{d(v^2)}{dr} \quad \ldots \ldots \quad (4\,\text{a})$$

und umgekehrt

$$v^2 - v_0^2 = 2 \int_0^r q\,dr . \quad \ldots \ldots \quad (4\,\text{b}).$$

Hierin ist die Integration nur ausführbar, wenn die Zentralbeschleunigung *q* als Funktion des Radius *r* vom Beschleunigungszentrum vorgelegt ist, womit sich dann die Bahngeschwindigkeit ebenfalls als Radialfunktion ergibt.

Multiplizieren wir aber die erste der beiden Ausgangsformeln (1) mit *y*, die zweite mit *x* und subtrahieren, so wird mit (2)

$$q_y\,x - q_x\,y = \frac{dv_y}{dt} x - \frac{dv_x}{dt} y = 0 \quad \ldots \ldots \quad (5),$$

wofür wir auch nach der Produktenregel der Differential-
rechnung, d. h. mit

$$y \frac{dv_x}{dt} = \frac{d(v_x y)}{dt} - v_x \frac{dy}{dt} = \frac{d(v_x y)}{dt} - v_x v_y$$

$$x \frac{dv_y}{dt} = \frac{d(v_y x)}{dt} - v_y \frac{dx}{dt} = \frac{d(v_y x)}{dt} - v_x v_y$$

schreiben dürfen

$$\frac{d}{dt}(x v_y - y v_x) = 0 \quad \ldots \ldots \ldots \quad (5\,\text{a})$$

oder integriert mit einer Konstanten C.

$$x v_y - y v_x = C \quad \ldots \ldots \ldots \quad (5\,\text{b}).$$

Die Bedeutung des links stehenden Ausdrucks erhellt am
einfachsten, wenn wir unter Einführung des Fahrstrahlwinkels φ

$$x = r \cos \varphi, \quad y = r \sin \varphi \quad \ldots \ldots \quad (6)$$

setzen, woraus durch Differentiation nach der Zeit mit der Produktenregel

$$\left. \begin{aligned} \frac{dx}{dt} = v_x = \frac{dr}{dt} \cos \varphi - r \sin \varphi \, \frac{d\varphi}{dt} \\ \frac{dy}{dt} = v_y = \frac{dr}{dt} \sin \varphi + r \cos \varphi \, \frac{d\varphi}{dt} \end{aligned} \right\} \quad \ldots \quad (6\,\text{a})$$

und schließlich

$$x v_y - y v_x = r(v_y \cos \varphi - v_x \sin \varphi) = r^2 \frac{d\varphi}{dt} \quad \ldots \quad (6\,\text{b})$$

sich berechnet. Darin ist aber

$$r^2 d\varphi = 2 dF \quad \ldots \ldots \ldots \quad (6\,\text{c})$$

nichts anderes als der doppelte Flächeninhalt des in Fig. 99
schraffierten Elementardreiecks von der Höhe r und der Basis
$r d\varphi$, welches bis auf das als unendlich kleine von zweiter Ordnung vernachlässigbare Produkt $r d\varphi dr$ mit dem Dreiecks OPP'
aus zwei um den Winkel $d\varphi$ gegeneinander geneigten, also be-
nachbarten Fahrstrahlen und dem Bahnelemente ds übereinstimmt. Führen wir diese Dreieckfläche in (5b) ein, so erhalten wir

$$r^2 \frac{d\varphi}{dt} = 2 \frac{dF}{dt} = C \quad \ldots \ldots \ldots \quad (7)$$

oder integriert mit der Konstanten F_0

$$F = \frac{C}{2} t + F_0 \quad \ldots \ldots \ldots \quad (7\,\text{a})$$

d. h. die bei der Zentralbewegung vom Fahrstrahl nach dem Beschleunigungszentrum überstrichene Fläche wächst proportional mit der Zeit oder mit anderen Worten: der Fahrstrahl überstreicht bei der Zentralbewegung in gleichen Zeiten gleiche Flächen.

Durch Quadrieren und Addieren der beiden Formeln (6a) ergibt sich für die Bahngeschwindigkeit v wegen $\cos^2 \varphi + \sin^2 \varphi = 1$

$$v^2 = v_x{}^2 + v_y{}^2 = \left(\frac{dr}{dt}\right)^2 + r^2 \left(\frac{d\varphi}{dt}\right)^2$$

oder auch mit (7)

$$v^2 = \left[\left(\frac{dr}{d\varphi}\right)^2 + r^2\right]\left(\frac{d\varphi}{dt}\right)^2 = \frac{C^2}{r^4}\left[\left(\frac{dr}{d\varphi}\right)^2 + r^2\right] \quad . \quad (8),$$

worin sich die Ableitung $dr : d\varphi$ aus der in Polarkoordinaten r und φ vorgelegten Bahngleichung berechnet. Eliminiert man endlich aus (8) mit Hilfe der Bahngleichung den Winkel φ, so bleibt rechts nur eine Funktion des Radius r stehen, so daß nach Gl. (4a) auch die Zentralbeschleunigung nur eine Radialfunktion sein kann.

1. Beispiel. Kepler verdankt man die Feststellung, daß die Planeten 1. in Ellipsen die in einem Brennpunkte befindliche Sonne umkreisen, wobei 2. der Fahrstrahl von der Sonne aus in gleichen Zeiten gleiche Flächen überstreicht. Daraus dürfen wir nach den vorstehenden Ausführungen auf eine Zentralbewegung schließen und die Abhängigkeit der Zentralbeschleunigung vom Radius bestimmen. Schreiben wir die Gleichung der Bahnellipse mit dem Parameter p und der numerischen Exzentrizität ε, vergl. § 5 Gl. (1)

$$\frac{p}{r} = 1 - \varepsilon \cos \varphi \quad . \quad . \quad . \quad . \quad . \quad . \quad . \quad (9),$$

so folgt daraus durch Ableitung

$$-\frac{p}{r^2}\frac{dr}{d\varphi} = \varepsilon \sin\varphi; \quad \frac{dr}{d\varphi} = -\varepsilon\frac{r^2}{p}\sin\varphi$$

oder

$$\left(\frac{dr}{d\varphi}\right)^2 = \frac{r^4}{p^2}\varepsilon^2\sin^2\varphi = \frac{r^4}{p^2}(\varepsilon^2 - \varepsilon^2\cos^2\varphi)$$

also nach Elimination von $\cos\varphi$ durch Gl. (9)

$$\left(\frac{dr}{d\varphi}\right)^2 = \frac{r^4}{p^2}\left[\varepsilon^2 - \left(1 - \frac{p}{r}\right)^2\right]$$

und eingesetzt in (8)

$$v^2 = C^2 \left(\frac{\varepsilon^2 - 1}{p^2} + \frac{2}{pr} \right) \quad \ldots \ldots \ldots \quad (9\,\text{a})$$

Durch Differentiation dieses Ausdruckes nach r und Einführung in (4a) ergibt sich dann schon die gesuchte Zentralbeschleunigung

$$q = - \frac{C^2}{p\,r^2} \quad \ldots \ldots \ldots \ldots \quad (10),$$

also umgekehrt proportional dem Quadrate des Abstandes vom Brennpunkt und wegen des negativen Vorzeichens nach dem Brennpunkt zu gerichtet, wie es Newton zuerst aus den Keplerschen Gesetzen abgeleitet hatte.

Nun ist aber nach Gl. (7) die Konstante C die doppelte in der Zeiteinheit vom Fahrstrahl überstrichene Fläche, oder, wenn $\pi\, a_1\, b_1$ die ganze Fläche der Ellipse mit den Halbachsen a_1 und b_1 und t_1 die Umlaufszeit des Planeten bedeutet

$$C = \frac{2\,\pi\, a_1\, b_1}{t_1} \quad \ldots \ldots \ldots \ldots \quad (11).$$

Außerdem ist der Ellipsenparameter nach § 5 Gl. (6)

$$p = \frac{b_1^2}{a_1}$$

und daher geht (10) über in

$$q\,r^2 = - \frac{4\,\pi^2\, a_1^3}{t_1^2} \quad \ldots \ldots \ldots \ldots \quad (10\,\text{a}),$$

während für einen anderen Planeten, der sich in einer Ellipse mit den Halbachsen $a_2\, b_2$ und der Umlaufszeit t_2 bewegt,

$$q\,r^2 = - \frac{4\,\pi^2\, a_2^3}{t_2^2} \quad \ldots \ldots \ldots \ldots \quad (10\,\text{b})$$

wird. Da nun beide Planeten die Sonne als gemeinsames Beschleunigungszentrum umkreisen, so sind die linken Seiten von (10a) und (10b) einander gleich oder im ganzen Bereich der Sonne konstant, woraus

$$\frac{a_1^3}{t_1^2} = \frac{a_2^3}{t_2^2} \quad \ldots \ldots \ldots \ldots \quad (12)$$

sich ergibt, d. h. die Quadrate der Umlaufszeiten zweier Planeten verhalten sich wie die Kuben der großen Achsen ihrer Bahnellipsen. Es ist dies das dritte von Kepler aus Beobachtungen direkt abgeleitete Gesetz, welches somit nur eine Folgerung der beiden ersten darstellt. Übrigens erkennt man aus der Gültigkeit der Gl. (9) auch für die Parabel ($\varepsilon^2 = 1$) und die Hyperbel ($\varepsilon^2 > 1$), daß Bewegungen in solchen offenen Bahnen ebenfalls auf die Beschleunigung (10) führen. Dies trifft wahrscheinlich auf die nicht wiederkehrenden **Kometen** zu, für welche natürlich das dritte Keplersche Gesetz seinen Sinn verliert

2. **Beispiel.** Bewegt sich ein Punkt derart in einer **Ellipse**, **daß sein Fahrstrahl vom Ellipsenzentrum aus in gleichen Zeiten gleiche Flächen überstreicht**, so benutzen wir zweckmäßig die Zentralgleichung der Ellipse § 5 Gl. (7), für die wir mit den obigen Gleichungen (6) in Polarkoordinaten schreiben

$$\frac{1}{r^2} = \frac{\cos^2 \varphi}{a^2} + \frac{\sin^2 \varphi}{b^2} \quad \dots \dots \quad (13),$$

woraus durch Differentiation

$$\frac{1}{r^3}\frac{dr}{d\varphi} = \left(\frac{1}{a^2} - \frac{1}{b^2}\right)\cos\varphi\,\sin\varphi$$

folgt. Dies liefert in (8)

$$v^2 = \frac{C^2}{r^4}\left[r^4\left(\frac{1}{a^2}-\frac{1}{b^2}\right)^2\cos^2\varphi\sin^2\varphi + r^2\right]$$

$$= C^2 r^2\left[\left(\frac{1}{a^2}-\frac{1}{b^2}\right)^2\cos^2\varphi\sin^2\varphi + \frac{1}{r^4}\right]$$

oder, indem wir in der Klammer $1:r^4$ durch (13) eliminieren,

$$v^2 = C^2 r^2\left(\frac{\cos^2\varphi}{a^4}+\frac{\sin^2\varphi}{b^4}\right) = C^2 r^2\left[\frac{1}{a^2}\frac{\cos^2\varphi}{a^2}+\frac{1}{b^2}\frac{\sin^2\varphi}{b^2}\right]$$

$$v^2 = C^2 r^2\left[\frac{1}{a^2}\left(\frac{1}{r^2}-\frac{\sin^2\varphi}{b^2}\right)+\frac{1}{b^2}\left(\frac{1}{r^2}-\frac{\cos^2\varphi}{a^2}\right)\right]$$

$$v^2 = C^2\left(\frac{1}{a^2}+\frac{1}{b^2}\right)-\frac{C^2 r^2}{a^2 b^2} \quad \dots \dots \quad (13\,\text{a}),$$

worin analog (11) mit der Umlaufszeit t

$$C = \frac{2\pi ab}{t} \quad \dots \dots \quad (11\,\text{a})$$

ist. Durch Differentiation von (13a) und Einsetzen in (4a) ergibt sich dann eine **Zentralbeschleunigung**

$$q = -\frac{C^2 r}{a^2 b^2} \quad \dots \dots \quad (14),$$

also **dem Zentralabstand direkt proportional und nach dem Zentrum gerichtet**, genau wie bei der in § 16, Beispiel 2, betrachteten Kreisbewegung, die sich hieraus mit $r = a = b$ als Sonderfall ergibt.

Schließlich erkennt man noch, daß für den Fall der Hyperbel in den vorstehenden Gleichungen nur b^2 durch $-b^2$ zu ersetzen ist, womit die Zentralbeschleunigung (14) vom Zentrum weggerichtet erscheint.

§ 18. Kraft und Masse.

Verhindern wir einen Körper, der unter dem Einflusse einer Beschleunigung steht, daran, dieser ganz oder teilweise zu folgen, so übt er auch auf das Hindernis eine Wirkung aus, die wir als eine **Kraft** bezeichnen. Diese Wirkung tritt z. B. in der Formänderung des körperlichen Hindernisses hervor und erweist sich gleichgerichtet und proportional der unterdrückten Beschleunigungskomponente. Außerdem aber wächst die Kraft auf das Doppelte, Dreifache usw. an, wenn wir statt des einen Körpers an der betreffenden Stelle zwei, drei usw. kongruente Körper gleichzeitig wirken lassen, so daß der Proportionalitätsfaktor m, mit dem wir die Beschleunigung q zu multiplizieren haben, um die Kraft

$$Q = mq \quad . \quad . \quad . \quad . \quad . \quad . \quad (1)$$

zu erhalten, ein Maß für die Körpergröße bildet, das wir seine **Masse** nennen. Weiterhin zeigt sich, daß auch der Körper selbst seitens des erwähnten Hindernisses eine — wiederum etwa durch eine Formänderung meßbare — Kraftwirkung erfährt, welche der von ihm ausgeübten entgegengesetzt gleich ist. Dieser Satz läßt sich erfahrungsgemäß dahin verallgemeinern, daß **je zwei Körper aufeinander entgegengesetzt gleiche Kräfte ausüben** (Wirkung und Gegenwirkung oder Aktion und Reaktion). So übt der Faden auf einen an ihm im Kreise um ein Zentrum herumgeschwungenen Stein eine der Normalbeschleunigung proportionale Normal- oder **Zentripetalkraft** aus, während der Faden selbst durch die ihr entgegengesetzt gleiche **Zentrifugalkraft** gespannt wird. Mit der Steigerung der Winkelgeschwindigkeit wachsen beide Kräfte, bis schließlich der Faden reißt. Damit aber hört die Kraftwirkung in der Normalen und zugleich die Normalbeschleunigung plötzlich auf, so daß der losgelassene Stein der noch übrigbleibenden Tangentialbeschleunigung folgen kann und daher in der Tangente zum Kreise fortfliegt.

Wird insbesondere ein Körper von der Masse m an der Erdoberfläche durch eine Unterlage gehindert, der Erdbeschleunigung g zu folgen, so nennen wir die Kraft

$$G = mg \quad . \quad . \quad . \quad . \quad . \quad . \quad (1\,a),$$

mit der er auf seine Unterlage drückt, sein Gewicht und benutzen ganz allgemein solche Gewichte als Kräftemaß. Als
Grundeinheit wählt man in der Technik neben dem Meter (m)
und der Sekunde (Sek) für Längen und Zeiten das Gewicht des
Kubikdezimeters (Liters) Wasser (bei 4°C) das sog. Kilogramm,
während man in der Physik neben dem Zentimeter (cm) und
der Sekunde als neue Einheit die in einem Kubikzentimeter
Wasser enthaltene, von der etwas veränderlichen Beschleunigung g
unabhängige Masse von einem Gramm (g) zugrundelegt und
die hieraus durch Multiplikation mit der Einheit der Beschleunigung (d. i. 1 cm/Sek^2) erhaltene Krafteinheit als Dyne bezeichnet. Ein Gramm-Gewicht ist hiernach mit $g = 981$ cm/Sek^2
gleich 981 Dynen. Aus dem Gewichtsunterschiede gleichgroßer
Körper von verschiedenem Stoffe schließen wir weiter auf eine
verschiedene Konzentration der Masse im Stoffe selbst, deren
Quotienten mit dem Volumen V wir als die Dichte δ des Stoffes
bezeichnen. Anderseits benutzt man hierfür auch das als
spezifisches Gewicht γ benannte Gewicht der Volumeneinheit
derart, daß

$$\gamma = \frac{G}{V} = \frac{m}{V} g = \delta g \quad \ldots \ldots \quad (2)$$

ist. Befindet sich in jedem Volumenelement eines Körpers dieselbe Masse, so besitzt er eine gleichförmige Massenverteilung, im anderen Falle, also wenn er z. B. aus verschiedenen
Stoffen besteht, einer ungleichförmigen Massenverteilung. Körper der ersteren Art heißen wohl auch homogene,
solche der zweiten inhomogene Körper.

Da die Kraft ebenso wie die ihr proportionale Beschleunigung eine Größe und eine Richtung besitzt, so können wir sie,
wie diese und die Geschwindigkeit durch eine Strecke darstellen. Gehen mehrere solcher Strecken $Q_1 Q_2 Q_3 \ldots$ von einem
Punkte P aus (Fig. 100a), so bezeichnen wir diesen als den
Angriffspunkt der entsprechenden Kräfte, die wir erfahrungsgemäß, wie die zugehörigen Beschleunigungen nach der Parallelogramm- oder Polygon-
regel zusammensetzen können. Auf diese Weise ergibt
sich ein sog. Kräftepolygon (Fig. 100b), dessen vom Angriffspunkt ausgehende Schlußlinie Q nach Größe und Richtung

die sog. **Resultante** aller Einzelkräfte darstellt, welche durch ihre Wirkung diese zu ersetzen vermag.

Umgekehrt können wir hiernach auch jede Einzelkraft in der Ebene nach zwei, im Raume nach drei zueinander senkrechten Richtungen zerlegen, bzw. auf die Achsen eines rechtwinkligen Koordinatensystems projizieren, wodurch je zwei bzw. drei **Komponenten** entstehen, die wir den zugehörigen Koordinatenachsen entsprechend mit den Buchstaben X, Y bzw. Z

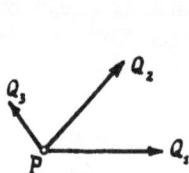 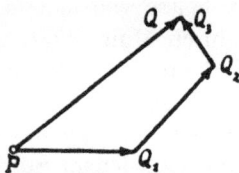

Fig. 100 a.   Fig. 100 b.

bezeichnen. Sind α, β, γ die Neigungswinkel der Kraft Q gegen die drei Achsen, so wird diese durch die gleichzeitige Wirkung der drei Komponenten

$$X = Q \cos \alpha, \quad Y = Q \cos \beta, \quad Z = Q \cos \gamma \quad . \quad . \quad (3)$$

ersetzt, woraus durch Quadrieren und Addieren nach § 6 Gl. (3)

$$X^2 + Y^2 + Z^2 = Q^2 . \quad . \quad . \quad . \quad . \quad . \quad (3a)$$

folgt. Beim Vorhandensein mehrerer Kräfte mit gemeinsamem Angriffspunkt haben wir nur die in jede der drei Richtungen fallenden Komponenten für sich zu summieren und erhalten so für die Resultante mit den Richtungswinkeln $\alpha \beta \gamma$

$$\left. \begin{array}{l} Q \cos \alpha = Q_1 \cos \alpha_1 + Q_2 \cos \alpha_2 + \ldots = \Sigma X \\ Q \cos \beta = Q_1 \cos \beta_1 + Q_2 \cos \beta_2 + \ldots = \Sigma Y \\ Q \cos \gamma = Q_1 \cos \gamma_1 + Q_2 \cos \gamma_2 + \ldots = \Sigma Z \end{array} \right\} \quad . \quad . \quad (4).$$

Ist mit $Q = 0$ keine Resultante vorhanden, d. h. schließt sich das Kräftepolygon von selbst, so üben die Kräfte insgesamt keine Wirkung mehr aus, oder heben sich auf. Dieser Zustand des sog. **Gleichgewichts der Kräfte** an einem Punkt wird somit durch die drei Bedingungen

$$\Sigma X = 0, \quad \Sigma Y = 0, \quad \Sigma Z = 0 \quad . \quad . \quad . \quad . \quad (4a)$$

gekennzeichnet, von denen im Falle, daß sämtliche Kräfte in der XY-Ebene wirken, die letzte wegfällt.

Sind diese Bedingungsgleichungen dagegen nicht erfüllt, so
steht die im Angriffspunkte der Kräfte konzentriert gedachte
Masse *m*, die wir dann als einen materiellen Punkt bezeichnen, unter der Wirkung der Resultanten *Q*, welche ihr nach
Gl. (1) eine proportionale und gleichgerichtete Beschleunigung
erteilt. Diese wiederum kann als die Resultante der Beschleunigungen der Einzelkräfte betrachtet und nach § 16 durch Zusammenfassung der gleichgerichteten Beschleunigungskomponenten berechnet werden, woraus die Unabhängigkeit der Wirkung
der Einzelkräfte voneinander hervorgeht. Hört aus irgendeinem Grunde die Wirkung einer Einzelkraft auf, so folgt die
Masse der Beschleunigung der Resultante aus allen übrigen
Kräften, und bewegt sich, wenn die Wirkung aller Kräfte auf-
hört oder diese sich im Gleichgewichte befinden, beschleuni-
gungsfrei, d. h. nach den Sätzen des § 16 geradlinig und
gleichförmig mit der im Momente des Aufhörens der Kraftwirkung erreichten Geschwindigkeit weiter. Diese Eigenschaft
der Masse, ihren Bewegungszustand nur unter der Ein-
wirkung von Kräften zu ändern, ohne Kraftwirkung
dagegen beizubehalten, nennen wir ihre Trägheit oder
ihr Beharrungsvermögen.

In dem oben besprochenen Falle des Gleichgewichts von
Kräften spielt die Masse gar keine Rolle, da sie nur als Faktor
der hierbei verschwundenen Beschleunigung auftritt. Betrachtet
man daher eine Kraft ohne Rücksicht auf die ihrer Wirkung
unterworfene Masse, so verliert der Angriffspunkt seine Bedeutung, so daß die durch ihre Größe und Richtung bestimmte Kraft beliebig in ihrer Richtungsgeraden verschoben werden kann. So ändert sich der Gleichgewichts-
zustand (und die Lage) eines Bildes an der Wand nicht, wenn
man es unmittelbar an einen Nagel hängt oder erst vermittelst
eines Fadens an einem vertikal, d. i. in der Kraftrichtung
darüber befindlichen Nagel befestigt bzw. durch einen darunter
eingeschlagenen unmittelbar oder durch einen dazwischen ge-
schalteten Stab stützt. Der Faden wird in diesem Falle
durch das Gewicht des Bildes und die gleichgroße Gegenwirkung des Nagels gezogen, der Stab aber durch das Gewicht an einem Ende und die Gegenwirkung am andern ge-
drückt.

1. Beispiel. Durch die Entzündung der Pulverladung eines Geschützes wird nicht nur auf das Geschoß die beschleunigende Kraft Q, sondern auch auf das Geschütz selbst eine Gegenkraft — Q, der sog. Rückstoß, ausgeübt. Bezeichnen wir die Masse des Geschosses mit m_1, die des Geschützes mit m_2, die entsprechenden Beschleunigungen mit q_1 und q_2, so ist hiernach in jedem Augenblicke, so lange das Geschoß sich noch im Rohre befindet

$$Q = m_1 q_1 = - m_2 q_2$$

oder

$$m_1 q_1 + m_2 q_2 = 0 \quad . \quad . \quad . \quad . \quad . \quad . \quad (5).$$

Diesen Beschleunigungen entsprechen aber Geschwindigkeiten mit den Momentanwerten v_1 und v_2, so zwar daß nach (5)

$$m_1 \frac{d v_1}{d t} + m_2 \frac{d v_2}{d t} = 0$$

oder nach Wegheben der auf das Endergebnis einflußlosen Zeit

$$m_1 d v_1 + m_2 d v_2 = 0 \quad . \quad . \quad . \quad . \quad . \quad . \quad (5a)$$

wird, woraus durch Integration bei anfänglichem Ruhezustande, d. h. mit den Anfangsgeschwindigkeiten $v_1 = v_2 = 0$ und den Endgeschwindigkeiten c_1 und c_2

$$m_1 c_1 + m_2 c_2 = 0 \quad . \quad . \quad . \quad . \quad . \quad . \quad (5b)$$

folgt. Verläßt also das Geschoß das Rohr mit der Geschwindigkeit c_1 so hat auch das Geschütz durch die Gegenwirkung eine entgegengesetzt gerichtete Geschwindigkeit

$$c_2 = - \frac{m_1}{m_2} c_1$$

angenommen, vermöge deren es sich rückwärts bewegt. Diese Bewegung sucht man in der Artillerie durch Erdsporen, welche das Geschütz mit einer gewissen Bodenmasse verbinden und damit die Geschützmasse scheinbar vergrößern, möglichst herabzumindern.

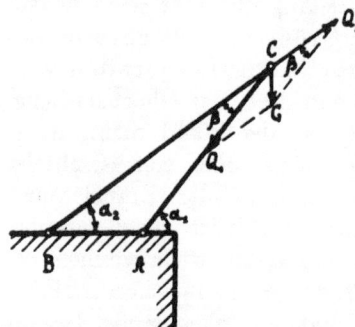

Fig. 101.

2. Beispiel. Zwei in A und B mit dem Boden gelenkig verbundene Stäbe (Fig. 101), die im Punkte C ebenfalls durch ein Gelenk zusammenlaufen, bilden ein einfaches ebenes Stabsystem oder Fachwerk, welches praktisch als Kran zum Tragen, bzw. Aufziehen von Lasten in C benutzt wird. Ist G eine solche Last in kg, so kann man diese, wie in der Figur angedeutet, nach der Parallelogrammregel in zwei Stabkräfte Q_1 und

Q_2 zerlegen, von denen die erstere offenbar den Stab AC gegen das Bodengelenk A drückt, während die Kraft Q_2 am Stabe BC bzw. dem Bodengelenke B zieht. Bezeichnen wir die Winkel der gewichtslos gedachten Stäbe mit α_1 und α_2, so erfordert das Gleichgewicht der Kräfte am Punkte C, daß

$$\left.\begin{array}{c} Q_1 \sin\alpha_1 + Q_2 \sin\alpha_2 = G \\ Q_1 \cos\alpha_1 + Q_2 \cos\alpha_2 = 0 \end{array}\right\} \quad \ldots \ldots \ldots \quad (6),$$

woraus

$$Q_1 = \frac{G\cos\alpha_2}{\sin(\alpha_1 - \alpha_2)},$$

$$Q_2 = \frac{G\cos\alpha_1}{\sin(\alpha_2 - \alpha_1)} = -\frac{G\cos\alpha_1}{\sin(\alpha_1 - \alpha_2)} \quad \ldots \quad (6\,a)$$

hervorgeht. Dieses Ergebnis hätten wir mit $\alpha_1 - \alpha_2 = \beta$ auch unmittelbar aus dem Kräfteparallelogramm ableiten können.

Zerlegen wir anderseits die Stabkräfte Q_1 und Q_2 an den zugehörigen Bodengelenken in je eine horizontale und vertikale Komponente, so folgt schon aus der zweiten Gl. (6) die entgegengesetzte Gleichheit der beiden ersteren, so daß man auch die Gelenke A und B durch einen Stab verbinden kann, der durch eine Kraft $Q_3 = Q_1 \cos\alpha_1$ $= -Q_2 \cos\alpha_2$ zusammengedrückt wird. Alsdann braucht das ganze Stabdreieck ABC nur bei B im Boden gegen die Zugkraft $Q_2 \sin\alpha_2$ verankert zu werden, während die Druckkraft $Q_1 \sin\alpha_1$ bei A durch den Gegendruck des Bodens aufgehoben wird.

3. Beispiel. Die im vorigen Paragraph ermittelte Zentralbeschleunigung der Planeten gegen die Sonne können wir nunmehr als die Folge einer von der letzteren ausgeübten Anziehungskraft ansehen, welche für jeden Planeten dessen Masse proportional ist. Anderseits üben aber auch die Planeten selbst, wie aus der Gültigkeit der Keplerschen Gesetze für die sie umkreisenden Monde hervorgeht, eine Anziehungskraft aus, die sich naturgemäß auch auf die Sonne erstreckt. Die Sonne erfährt dann nach dem Satze der Wirkung und Gegenwirkung von seiten des Planeten dieselbe Anziehung wie diese von ihr.

Ist r der Abstand des Planeten mit der in einem Punkte konzentriert gedachten Masse m_1 von der Sonne mit der Masse m_0, so kann die Anziehungskraft der letzteren auf die Planeten mit einem konstanten Faktor k_1 in der Form

$$Q = k_1 \frac{m_1}{r^2}$$

geschrieben werden, während der Planet die Sonne mit der Kraft

$$Q = k_0 \frac{m_0}{r^2}$$

zu sich heranzieht.   Daraus folgt aber $k_0\,m_0 = k_1\,m_1$, oder auch mit einer allgemein gültigen Konstanten f

$$k_0 = f\,m_1 \qquad k_1 = f\,m_0,$$

und daher wird die wechselseitige Anziehungskraft, die sog. **Gravitation**

$$Q = f\,\frac{m_1\,m_0}{r^2} \qquad \ldots \ldots \ldots \ldots \ (7)$$

d. h. **zwei punktförmige Massen ziehen sich nach dem Newtonschen Gesetze mit einer ihrem Produkte direkt und dem Quadrate ihres Abstandes indirekt proportionalen Kraft an.** Der Faktor f der Gl. (7) heißt die **Gravitationskonstante.** Hiernach ist die Beschleunigung des Planeten gegen die Sonne

$$q_1 = \frac{Q}{m_1} = f\,\frac{m_0}{r^2} \qquad \ldots \ldots \ldots \ (7\,\text{a})$$

und die der Sonne gegen den Planeten

$$q_0 = \frac{Q}{m_0} = f\,\frac{m_1}{r^2} \qquad \ldots \ldots \ldots \ (7\,\text{b}),$$

so daß sich beide gegeneinander mit einer resultierenden Beschleunigung

$$q = q_0 + q_1 = f\,\frac{m_0 + m_1}{r^2} \qquad \ldots \ldots \ldots \ (7\,\text{c})$$

bewegen.   Infolge der Kleinheit der Planetenmasse m_1 gegen die Sonnenmasse m_0 (für die Erde $1 : 320\,000$) ist allerdings die Beschleunigung der letztern gegenüber derjenigen der Planeten ¡fast verschwindend.

4. **Beispiel.**   Die im ¡vorigen Beispiel erwähnten Himmels-körper (Sonne, Planeten, Monde) sind nun in Wirklichkeit keine materiellen Punkte, sondern nahezu **kugelförmige Massen,** deren einzelne Bestandteile auf einen äußeren Massenpunkt Kräfte von der Form (7) ausüben, deren Zusammenfassung die Anziehungskraft der Kugel ergibt. Es handelt sich hierbei offenbar um die Summierung einer unendlichen Anzahl von Elementarwirkungen, die wir durch eine Integration vollziehen werden, und zwar zunächst unter der Voraussetzung der gleichmäßigen Ausbreitung der anziehenden Masse m auf eine Kugelfläche vom Radius a (Fig. 102). Alsdann verhält sich das auf einem Flächenelement dF befindliche Massen-element dm zur Gesamtmasse m, wie dF zur Kugelfläche $4\pi a^2$, so zwar, daß

$$dm = \frac{m}{4\pi a^2}\,dF \qquad \ldots \ldots \ldots \ (8)$$

und die von diesem in A befindlichen Massenelement auf einen Massenpunkt m' in der Entfernung $AP = \varrho$ (Fig. 102) ausgeübte Anziehungskraft

$$d Q = f \frac{m' \, dm}{\varrho^2} = f \frac{m' m}{\varrho^2} \cdot \frac{dF}{4 \pi a^2} \quad \ldots \ldots \quad (9)$$

ist. Bildet nun der Abstand ϱ mit der Zentrale $OP = r$ den Winkel φ, mit dem Radius $OA = a$ den Winkel ϑ, so ist die nach dem Kugelzentrum gerichtete Komponente $dR = dQ \cos \varphi$. Nun denken wir uns das Flächenelement dF ringförmig, d. h. durch Rotation des Bogenelements $AA' = ds$ um die Zentrale OP erzeugt. Hierbei beschreibt aber auch dessen

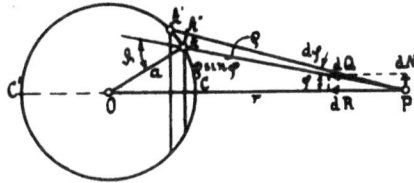

Fig. 102.

Projektion $AA'' = ds \cos \vartheta = \varrho \, d\varphi$ auf eine Normale zu ϱ ein Ringflächenelement von der Größe $2 \pi \varrho^2 \sin \varphi \, d\varphi$, so daß wir auch haben

$$dF \cos \vartheta = 2 \pi \varrho^2 \sin \varphi \, d\varphi \quad \ldots \ldots \quad (10).$$

Dies liefert für die zentrale Anziehungskomponente

$$dR = dQ \cos \varphi = f \frac{m m'}{2 a^2} \frac{\sin \varphi \cos \varphi \, d\varphi}{\cos \vartheta} = f \frac{m m'}{2 a^2} \cdot \frac{\sin \varphi \cdot d(\sin \varphi)}{\cos \vartheta} \quad (9 a),$$

während die senkrecht dazu gerichtete Komponente dN infolge der Symmetrie um die Drehachse verschwindet. Nun ist aber anderseits in dem Dreieck OPA

$$a \sin \vartheta = r \sin \varphi \quad \ldots \ldots \ldots \quad (11),$$

also

$$a \cos \vartheta \, d\vartheta = r \, d(\sin \varphi) \quad \ldots \ldots \ldots \quad (11 a),$$

womit (9a) übergeht in

$$dR = f \frac{m m'}{2 r^2} \sin \vartheta \, d\vartheta = -f \frac{m m'}{2 r^2} d(\cos \vartheta) \quad \ldots \quad (9 b).$$

Dieser Ausdruck ist zu integrieren, indem wir vom Punkte C auf der Zentralen nach dem Gegenpunkte C' fortschreiten, wobei der Winkel ϑ von 0 bis π wächst. Wir erhalten also

$$R = -f \frac{m m'}{2 r^2} \int_0^\pi d(\cos \vartheta) = f \frac{m m'}{r^2} \quad \ldots \ldots \quad (12).$$

d. h. die auf einer Kugelfläche gleichförmig ausgebreitete Masse wirkt auf einen äußeren Massenpunkt, als wenn sie im Kugelzentrum vereinigt wäre.

Da man sich nun jede Vollkugel (wie eine Zwiebel) aus lauter unendlich dünnen Kugelschalen zusammengesetzt denken kann, so wirkt eine solche Kugel nach außen wie ihre im Zentrum vereinigte Gesamtmasse, wenn die Verteilung der Masse innerhalb der Kugel über jede konzentrische Schale eine gleichmäßig (homogene) oder mit andern Worten nur eine Funktion des Radius ist. Durch dieses Ergebnis wird gleichzeitig die frühere Behandlung zweier kugelförmiger Weltkörper als materielle Punkte gerechtfertigt.

5. Beispiel. Die obige Herleitung der elementaren Anziehungskraft (9 b) einer auf einer Kugelfläche homogen verteilten Masse gilt auch noch für einen im Innern der Kugel befindlichen Punkt P, d. h. für $r < a$ (Fig. 103). Dagegen ist bei der Integration dieser Formel zu beachten, daß nunmehr für den Punkt C der Winkel $OAP = \vartheta$ ebenso verschwindet, wie für den Gegenpunkt C', so daß also für die resultierende Anziehungskraft der Kugelschale m auf die Masse m' in P

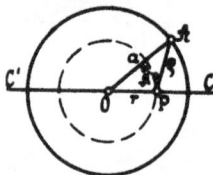

Fig. 103.

$$R = -f\,\frac{m\,m'}{2\,r^2}\int\limits_0^0 d\,(\cos\vartheta) = 0 \quad . \quad (13),$$

d. h. **die auf einer Kugelschale gleichmäßig ausgebreitete Masse übt auf einen im Innern befindlichen Punkt keine Anziehung aus.** Dies gilt natürlich sofort auch für eine Hohlkugel, sofern nur in dieser die Massenverteilung lediglich eine Radialfunktion ist. Da ferner das Experiment lehrt, daß eine elektrisch geladene Kugel auf eine im Innern befindliche Elektrizitätsmenge keine Wirkung ausübt, so folgt umgekehrt, daß auch für die Anziehung (bzw. Abstoßung) der Elektrizitätsmengen das Newtonsche Gesetz gilt. Ist die Kugel ganz von der Masse erfüllt, so erfährt hiernach ein im Innern befindlicher Punkt von der Hohlkugel, deren Innenfläche durch ihn hindurchgeht, keine Wirkung. Es bleibt vielmehr nur die Anziehung der Kugel mit dem Radius r selbst übrig, deren Masse m'' sich zur Gesamtmasse m bei homogener Verteilung, wie die entsprechenden Volumina verhält, so zwar, daß

$$m'' = m\,\frac{r^3}{a^3}$$

ist. Mithin erfährt der Punkt P im Innern der Vollkugel eine gesamte Anziehungskraft

$$R = f\,\frac{m''\,m'}{r^2} = f\,\frac{m\,m'}{a^3}\,r \quad . \quad . \quad . \quad . \quad . \quad (14)$$

mit einer Beschleunigung

$$q = \frac{R}{m'} = f\,\frac{m}{a^3}\,r \quad . \quad . \quad . \quad . \quad . \quad (14\,\text{a}).$$

Übertragen wir dieses Ergebnis auf die als homogen betrachtete Erde, deren Beschleunigung an der Oberfläche, d. h. für $r = a, g$ war, so ist

$$g = f \frac{m}{a^2}$$

oder mit (14a)

$$q = g \frac{r}{a} \quad \ldots \ldots \ldots \quad (14\,\mathrm{b}),$$

d. h. die Anziehung einer homogenen Kugel wächst im Innern bis zur Oberfläche proportional dem Radius, während sie außerhalb natürlich im umgekehrten Verhältnis mit dem Quadrate des Abstandes vom Kugelzentrum abnimmt. Somit stellt die Anziehungskraft und die Beschleunigung an der Kugeloberfläche selbst einen Maximalwert dar.

§ 19. Momente von Kräften, Kräftepaare und statische Momente.

Greifen an einer ebenen mit Masse gleichförmig oder ungleichförmig belegten Scheibe, deren Elemente gegeneinander nicht verschoben werden können, so daß das ganze Gebilde als starr zu betrachten ist, zwei Kräfte Q_1 und Q_2 an (Fig. 104), so können wir die Richtungslinien beider zum Schnitt bringen und ihren Schnittpunkt P als Angriffspunkt der Resultante ansehen. Sind a_1 und a_2 die Neigungswinkel der Kräfte gegen die X-Achse sowie l_1 und l_2 die Lote auf die Kraftrichtungen vom Anfang O aus, so erhalten

Fig. 104.

wir durch Multiplikation der beiden Gleichungen der Richtungsgeraden Gl. (5) § 2

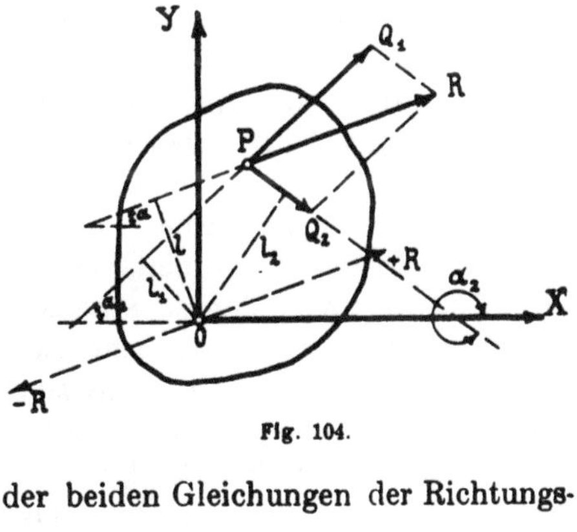

$$\left. \begin{array}{l} y \cos a_1 - x \sin a_1 = l_1 \\ y \cos a_2 - x \sin a_2 = l_2 \end{array} \right\} \quad \ldots \ldots \quad (1)$$

mit Q_1 bzw. Q_2 und Addition, also

$$y (Q_1 \cos a_1 + Q_2 \cos a_2) - x (Q_1 \sin a_1 + Q_2 \sin a_2) = Q_1 l_1 + Q_2 l_2 \quad (1\,\mathrm{a}).$$

Hierin sind also

$$Q_1 \cos \alpha_1 = X_1, \quad Q_2 \cos \alpha_2 = X_2 \atop Q_1 \sin \alpha_1 = Y_1, \quad Q_2 \sin \alpha_2 = Y_2 \Bigg\} \quad \cdots \quad (2)$$

die Komponenten der beiden Kräfte und daher deren Summen

$$Q_1 \cos \alpha_1 + Q_2 \cos \alpha_2 = X_1 + X_2 = X = R \cos \alpha \atop Q_1 \sin \alpha_1 + Q_2 \sin \alpha_2 = Y_1 + Y_2 = Y = R \sin \alpha \Bigg\} \quad \cdot (2\,\text{a})$$

die Komponenten der Resultante R mit dem Richtungswinkel α. Damit lautet die Gl. (1a)

$$y X - x Y = R(y \cos \alpha - x \sin \alpha) = Q_1 l_1 + Q_2 l_2 \quad . \quad (1\,\text{b}),$$

oder

$$y \cos \alpha - x \sin \alpha = \frac{Q_1 l_1 + Q_2 l_2}{R} = l \quad \cdots \quad (1\,\text{c})$$

und stellt die durch den Schnittpunkt P von Q_1 und Q_2 gehende Richtungsgerade der Resultante mit dem Lot l vom Anfang aus dar. Denken wir uns nun die Scheibe um den festgehaltenen Anfangspunkt O drehbar, so verschwindet die Wirkung der Kräfte Q_1 und Q_2, wenn die Resultante mit $l = 0$ durch den Drehpunkt hindurchgeht, d. h. wenn

$$Q_1 l_1 + Q_2 l_2 = 0 \quad \cdots \cdots \quad (3).$$

Hierin bedeuten aber die Produkte aus den Kräften mit ihren als Hebelarme bezeichneten Loten vom Drehpunkt, aus die sog. Momente der Kräfte, die halben Flächen der Dreiecke OPQ_1 und OPQ_2, die somit im Falle der Wirkungslosigkeit der Kräfte einander entgegengesetzt gleich sind, d. h. nach § 2 Gl. (9) beim Fortschreiten in der Kraftrichtung in entgegengesetztem Drehungssinne umfahren werden. Sind mehr als zwei sich nicht in einem Punkte schneidende Kräfte vorhanden, so brauchen wir nur erst zwei zu einer Resultante zusammenzuziehen, dann diese mit der dritten Kraft zum Schnitte zu bringen und die neue Resultante zu bilden usw. Analytisch erhalten wir dann ebensoviel Gleichungen (1) der Richtungsgeraden, wie Einzelkräfte, ohne daß sich an dem obigen Rechnungsgange etwas ändert. Wir erhalten daher als allgemeines Ergebnis für die Resultante R beliebig vieler Kräfte

$$R l = Q_1 l_1 + Q_2 l_2 + Q_3 l_3 + \quad \cdots \cdots \quad (4),$$

also den Ersatz der Wirkung beliebig vieler Einzelkräfte an einem um einen festen Punkt drehbaren

ebenen System durch das Moment der Resultanten.
Insbesondere geht darin der wohl auch als das Hebelgesetz
bekannte Satz hervor, daß man in bezug auf den Drehpunkt jede Kraft durch eine andere von verschiedener Größe und Lage ersetzen kann, wenn nur ihre
Momente in bezug auf den Drehpunkt überein-
stimmen. Befindet sich das System unter der Wirkung beliebiger Kräfte im Gleichgewichte, so verschwindet nicht nur das Moment (4) der Resultante,
sondern es wird auch diese selbst durch die Gegenwirkung am Drehpunkte aufgehoben.

Für parallele Kräfte versagt scheinbar die graphische
Zusammenfassung zu einer Resultanten, da die Schnittpunkte
ins Unendliche fallen. Fügt man jedoch z. B. im Falle zweier
Parallelkräfte Q_1 und Q_2 (Fig. 105) auf der Geraden $P_1 P_2$ zwei
entgegengesetzt gleiche Kräfte $\pm N$ hinzu, so schneiden sich
die Resultanten R_1 und R_2 im Punkte P, durch den auch die
Resultante $Q_1 + Q_2$ der Parallel-
kräfte hindurchgeht. Aus der Ähnlichkeit der in Fig. 105 gleichartig
schraffierten Dreiecke folgt dann
mit $AP_1 = a$, $AP_2 = b$, $AP = c$

$$\frac{Q_1}{N} = \frac{c}{a}, \quad \frac{Q_2}{N} = \frac{c}{b}$$

oder

$$Q_1 a = Q_2 b \quad . \quad . \quad (5).$$

Bezeichnen wir weiter die Lote
von irgendeinem Punkte O auf die
Kräfte Q_1 und Q_2 und die Resul-

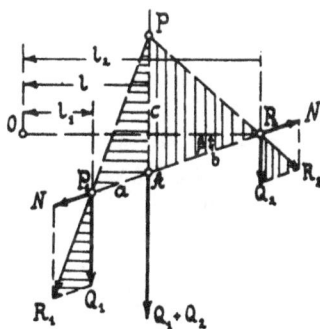
Fig. 105.

tante $R = Q_1 + Q_2$ mit $l_1 l_2$ und l, so ist mit einem Neigungswinkel β der Linie $P_1 P_2$ gegen diese Lote

$$a \cos \beta = l - l_1, \quad b \cos \beta = l_2 - l,$$

womit (5) unter Wegfall von $\cos \beta$ übergeht in

$$Q_1 (l - l_1) = Q_2 (l_2 - l)$$

oder

$$Q_1 l_1 + Q_2 l_2 = (Q_1 + Q_2) l = Rl \quad . \quad . \quad . \quad (5a).$$

Dies Ergebnis ist aber identisch mit Gl. (1c), so daß sich die

analytische Methode ohne weiteres auf Parallelkräfte
anwendbar erweist. Sind die beiden Kräfte einander entgegengesetzt gleich, also $Q_1 = -Q_2$, so führt auch die Konstruktion Fig. 102 nicht zu einem Schnittpunkte P. In diesem
Falle eines Kräftepaares heben sich nach (2a) die Komponenten der Einzelkräfte gegenseitig auf, und damit verschwindet
die Resultante R, während ihr Hebelarm l nach (1c) bzw. (5a)
unendlich groß wird.

Das Moment dieses Kräftepaares (Fig. 106)

$$M = Rl = Q_1 l_1 + Q_2 l_2 = Q_2 (l_2 - l_1) = Q_2 h \quad . \quad (5\,\mathrm{b})$$

bleibt dagegen endlich und unabhängig von der Richtung der
Einzelkräfte mit dem hierbei als Hebelarm
des Kräftepaares bezeichneten Abstand h.
Ein solches Kräftepaar mit dem Momente Rl
entsteht auch, wenn wir im Falle der Fig. 104
am Punkte O zwei entgegengesetzt gleiche
Kräfte $\pm R$ parallel der Resultanten an-
bringen, von denen die Kraft $+R$ vom
festen Drehpunkte O aufgenommen wird,
während $-R$ mit der in P angreifenden

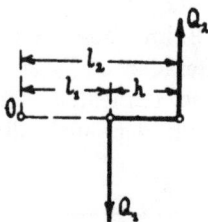

Fig. 106.

Resultanten ein Kräftepaar bildet. Durch Parallelverschiebung einer Kraft wird daher ein Kräftepaar geweckt,
dessen Moment das Produkt dieser Kraft mit dem Abstand der Parallelen ist. Somit reduziert sich die Wirkung beliebig vieler Kräfte schließlich auf eine Resultante im Koordinatenanfang und ein Kräftepaar,
dessen Moment mit dem der Resultante in ihrer ursprünglichen
Lage in bezug auf den Anfang übereinstimmt. Sind von vornherein mehrere Kräftepaare $\pm Q_1, \pm Q_2 \ldots$ mit beliebigen Kraftrichtungen $\alpha_1 \alpha_2 \ldots$ vorhanden, so kann man die positiven und
negativen Kräfte nach dem eingangs erläuterten Verfahren
graphisch oder rechnerisch zu je einer Resultante $\pm R$ zusammen-
fassen, die wiederum ein Kräftepaar bilden, dessen Moment die
Summe der Momente der Einzelpaare ist.

Wir kehren nun noch einmal zu dem Falle zweier beliebiger Parallelkräfte Q_1 und Q_2 zurück, deren gemeinsamer
Neigungswinkel gegen die X-Achse α sein möge, während ihre An-

griffspunkte an der Scheibe (Fig. 107) die Koordinaten $x_1 y_1$
bzw. $x_2 y_2$ besitzen. Dann sind nach (1) die Lote vom Anfang
auf die Kräfte

$$y_1 \cos \alpha - x_1 \sin \alpha = l_1$$
$$y_2 \cos \alpha - x_2 \sin \alpha = l_2,$$

und daraus folgt nach Multi-
plikation mit Q_1 bzw. Q_2 und
Addition das Moment der
Resultante R

$$(Q_1 y_1 + Q_2 y_2) \cos \alpha - (Q_1 x_1$$
$$+ Q_2 x_2) \sin \alpha = Q_1 l_1 + Q_2 l_2 \ (6).$$

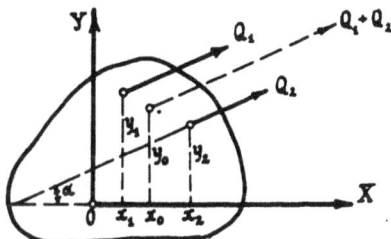

Fig. 107.

Anderseits liefert aber auch (1 c) mit $R = Q_1 + Q_2$

$$(Q_1 + Q_2)(y \cos \alpha - x \sin \alpha) = Q_1 l_1 + Q_2 l_2 \quad . \quad (6\,\mathrm{a})$$

die Gleichung der Resultante selbst. Ziehen wir diesen Ausdruck von (6) ab, so bleibt

$$[Q_1 y_1 + Q_2 y_2 - (Q_1 + Q_2)y] \cos \alpha$$
$$= [Q_1 x_1 + Q_2 x_2 - (Q_1 + Q_2)x] \sin \alpha \ . \ . \ . \ (6\,\mathrm{b})$$

eine Gleichung, die offenbar für alle möglichen Richtungen α
aller noch unveränderten Einzelkräfte erfüllt ist, wenn die beiden
Klammern für sich verschwinden, d. h. wenn die Resultante stets
durch den Punkt

$$x_0 = \frac{Q_1 x_1 + Q_2 x_2}{Q_1 + Q_2}, \quad y_0 = \frac{Q_1 y_1 + Q_2 y_2}{Q_1 + Q_2} \quad . \ . \ (7)$$

hindurchgeht, den wir den **Mittelpunkt der Parallelkräfte**
nennen wollen. In diesem Punkte schneiden sich nämlich alle
Resultanten für die verschiedenen Richtungen α. Dehnen wir
diese Überlegung auf beliebig viele Kräfte mit ebensoviel An-
griffspunkten aus, so tritt an Stelle von (7)

$$x_0 = \frac{\Sigma Q x}{\Sigma Q}, \quad y_0 = \frac{\Sigma Q y}{\Sigma Q} \quad . \ . \ . \ . \ (7\,\mathrm{a}).$$

Befinden sich nun in den einzelnen Punkten $x_1 y_1$, $x_2 y_2 \ldots$ die
Massen m_1, $m_2 \ldots$, so können wir sie als Angriffspunkte der
parallelen Gewichte $Q_1 = m_1 g$, $Q_2 = m_2 g$ usw. ansehen und erhalten auf diese Weise unter Wegheben des gemeinsamen Faktors g im Zähler und Nenner von (7a) für den Mittelpunkt der

Schwerkraft oder kurz den Schwerpunkt des Systems die Koordinaten

$$x_0 = \frac{\Sigma m x}{\Sigma m}, \quad y_0 = \frac{\Sigma m y}{\Sigma m} \quad \ldots \quad (7\,\mathrm{b}).$$

Diesen Schwerpunkt hat man sonach als den von der Lage unabhängigen Angriffspunkt des Gesamtgewichts des Systems zu betrachten. Die in Gl. (7 b) auftretenden Produkte mx bzw. my bezeichnet man auch als Massenmomente oder statische Momente der Einzelmassen in bezug auf die Y- und X-Achse, während $x_0 \Sigma m$ und $y_0 \Sigma m$ die entsprechenden statischen Momente des ganzen Systems bedeuten. Verlegen wir dann den Koordinatenanfang in den Schwerpunkt selbst, setzen also $x_0 = 0$, $y_0 = 0$, so wird auch

$$\Sigma m x = 0, \quad \Sigma m y = 0 \quad \ldots \quad (7\,\mathrm{c}),$$

d. h. in bezug auf durch den Schwerpunkt gehende sog. Schwerpunktsachsen verschwinden die statischen Momente eines Massensystems und mit ihnen das Moment der Schwerkraft. Zur Bestimmung des Schwerpunktes eines beliebig gestalteten ebenen Systems braucht man demnach dieses nur an zwei verschiedenen Punkten aufzuhängen und in beiden Lagen Vertikale durch die Aufhängepunkte zu ziehen, die sich im gesuchten Schwerpunkte schneiden werden.

Im Falle einer kontinuierlichen (stetigen) Massenverteilung kommt jedem Punkte nur ein Massenelement dm zu, und dementsprechend ist in den Formeln (7 b) das Summenzeichen durch das Integral zu ersetzen, so zwar, daß unter m jetzt die Gesamtmasse verstanden, die Schwerpunktskoordinaten $x_0 y_0$ sich aus

$$x_0 m = \int x\,dm, \quad y_0 m = \int y\,dm \quad \ldots \quad (8)$$

berechnen. Wir können uns nun auch die Masse längs einer Linie oder auf einer Fläche gleichmäßig ausgebreitet denken und erhalten dann mit der Masse λ auf der Längeneinheit der Linie s für das Massenelement $dm = \lambda\,ds$ und daher an Stelle von (8)

$$x_0 \lambda s = \int \lambda x\,ds = \lambda \int x\,ds; \quad y_0 \lambda s = \int \lambda y\,ds = \lambda \int y\,ds$$

oder nach Wegfall des konstanten Faktors λ für die statischen Momente der Linie s

$$x_0 s = \int x\,ds, \quad y_0 s = \int y\,ds \quad \ldots \quad (8\,\mathrm{a}).$$

In derselben Weise folgt auch mit einer Massenbelegung μ auf die Flächeneinheit $dm = \mu dF$ und daraus die statischen Momente einer Fläche F

$$x_0 F = \int x \, dF, \quad y_0 F = \int y \, dF \quad . \quad . \quad . \quad (8\,b)$$

und durch Ausdehnung derselben Überlegungen auf einen Körper vom Volumen V in bezug auf die drei Ebenen eines räumlichen Koordinatensystems

$$x_0 V = \int x \, dV, \quad y_0 V = \int y \, dV, \quad z_0 V = \int z \, dV \quad . \quad (8\,c).$$

1. Beispiel. Ein auf zwei Stützen A und B im Abstande l ruhender Balken (Fig. 108) werde in der Entfernung a von der Stütze A durch ein Gewicht G belastet, das wir uns etwa als eine Walze denken können, während wir das Eigengewicht des Balkens zunächst vernachlässigen wollen. Alsdann befindet sich das System im Gleichgewichte, indem der Kraft G an den Stützen zwei sog.

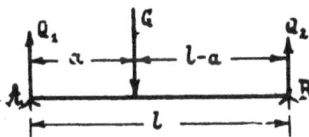

Fig. 108.

Stützendrücke Q_1 und Q_2 entgegenwirken, so zwar, daß

$$Q_1 + Q_2 = G$$

ist. Denken wir uns jetzt den Stab bei A drehbar, während die Stütze B entfernt und durch die Kraft Q_2 ersetzt wird, so müssen die Momente der Kräfte G und Q_2 in bezug auf A einander aufheben, also

$$Q_2 l = G a$$

sein. Daraus ergeben sich dann im Verein mit der ersten Formel die beiden Stützdrucke zu:

$$Q_1 = G \frac{l-a}{l}, \quad Q_2 = G \frac{a}{l} \quad . \quad . \quad . \quad . \quad . \quad (9).$$

Besitzt der Balken noch ein Eigengewicht G_0, welches sich auf die ganze Länge (konstanter Querschnitt und homogenes Material vorausgesetzt) gleichmäßig verteilt, so kommt hiervon auf jede Stütze noch $\frac{1}{2} G_0$, um welchen Betrag sich die Stützendrücke (9) vergrößern.

2. Beispiel. Auf einer unter dem Winkel α gegen den Horizont an die Wand gelehnten Leiter (Fig. 109) von der Länge $AB = l$, deren Eigengewicht zunächst vernachlässigt werde, befindet sich ein Mann vom Gewichte G im Abstande a von A. Denken wir uns die Leiter drehbar um den Punkt A, so wird die Wand bei B durch einen hori-

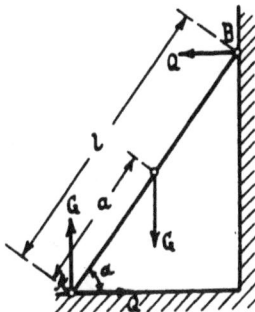

Fig. 109.

zontalen Stützendruck Q ersetzt werden können, während dem Gewicht G ein vertikaler Stützendruck von gleicher Größe in A entgegen-
wirkt. Der Stützendruck Q muß indessen, damit das System in horizontaler Richtung im Gleichgewichte verharrt, noch in A durch eine
gleich große Gegenkraft aufgehoben werden, welche mit G zusammen
dort eine Resultante $R = \sqrt{G^2 + Q^2}$ ergibt. Zur Berechnung von Q
bedienen wir uns des Satzes der Gleichheit der Momente von Q und
G in bezug auf den Drehpunkt A

$$Q\, l \sin \alpha = G\, a \cos \alpha,$$

woraus

$$Q = G \frac{a}{l} \operatorname{cotg} \alpha \quad \ldots \ldots \ldots \quad (10)$$

und für die Resultante in A

$$R = G \sqrt{1 + \frac{a^2}{l^2} \operatorname{cotg}^2 \alpha} \quad \ldots \ldots \ldots \quad (10a)$$

hervorgeht. Man übersieht leicht, daß diese Resultante nicht in die
Richtung AB fällt, und daß die Komponente Q in A durch einen
Vorsprung im Boden oder ein Gelenk aufgenommen werden muß, damit die Leiter nicht abgleitet. Die Hinzunahme des Eigengewichtes
G_0 der Leiter, welche wir uns bei gleicher Verteilung über die ganze
Länge in deren Mitte angreifend denken können, möge dem Leser
überlassen bleiben.

3. Beispiel. Ein an den Punkten A_0 und B aufgehängtes
Seil (Fig. 110) werde durch die Gewichte $Q_1 Q_2 Q_3$ in den sog.

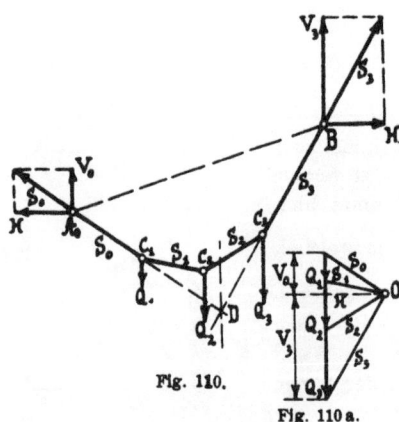

Fig. 110.

Fig. 110a.

Knotenpunkten $C_1 C_2 C_3$ belastet; dann befindet sich jedes
dieser Gewichte mit den beiden
am gleichen Knotenpunkt angreifenden Seilspannungen S
im Gleichgewicht. Diese drei
Kräfte bilden mithin für jeden
Knotenpunkt ein Dreieck, an
das infolge der Zugehörigkeit
einer Seilspannung zu zwei Knotenpunkten das nächste usw. an-
geschlossen werden kann. Auf
diese Weise ergibt sich das
Kräftepolygon mit dem Pol O
(Fig. 110a), in dem die mit S bezeichneten Strecken den gleich-

bezeichneten im sog. Seilpolygon (Fig. 110) parallel gezogen sind.
Aus dem Kräftepolygon, in dem die Lasten $Q_1 Q_2 Q_3$ sich einfach

aneinanderreihen, erhellt weiter, daß alle Seilspannungen S dieselbe punktierte Horizontalprojektion H besitzen, deren Fußpunkt in Fig. 110a die Linie $Q_1 + Q_2 + Q_3$ in die beiden Teile V_0 und V_3, die Vertikalprojektionen der letzten Seil- oder Schlußspannungen S_0 und S_3 in A und B zerlegt. Da diese beiden Spannungen ersichtlich den Lasten Q das Gleichgewicht halten, so wird die Vertikale durch ihren Schnittpunkt D die Richtungslinie der Resultanten $R = Q_1 + Q_2 + Q_3$ $= V_0 + V_3$ festlegen.

4. **Beispiel.** Die Konstanz der Horizontalspannung H eines Seiles bleibt offenbar auch noch erhalten, wenn die gesamte vertikale Seilbelastung Q stetig über den ganzen Horizontalabstand der Aufhängepunkte A und B, die sog. Spannweite (Fig. 111) verteilt ist, wobei die Vertikale im Kräftepolygon (Fig. 111a) nur in

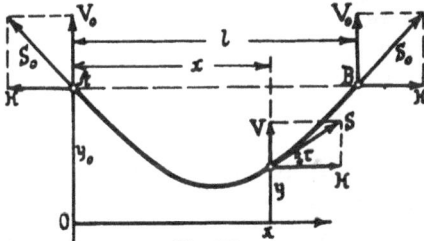
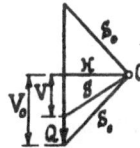

Fig. 111.   Fig. 111a.

unendlich viele Elemente zerfällt. Ist τ in diesem Falle der Neigungswinkel des Seiles gegen den Horizont an irgendeiner Stelle mit der Abszisse x und der Ordinate y, so folgt die dort herrschende Seilspannung S sofort aus dem Kräftepolygon als Parallele zur Seiltangente durch den Pol O, so zwar, daß mit der Vertikalkomponente V von S

$$\operatorname{tg} \tau = \frac{V}{H} = \frac{dy}{dx} \quad \ldots \ldots \quad \ldots \ldots (11)$$

ist, wenn wir in Fig. 111 den Koordinatenanfang O vertikal unter A verlegen. Setzen wir nunmehr eine gleichförmige Belastung über die ganze Spannweite l voraus, so trifft auf die Längeneinheit die Last $\frac{Q}{l}$, mithin auf den Abstand x die Last $\frac{Q}{l} x$, so daß also der Zuwachs der Vertikalspannung beim Fortschreiten um dx

$$dV = \frac{Q}{l} dx$$

und daraus durch Integration

$$V = \frac{Q}{l} x + V_0 \quad \ldots \ldots \ldots (12)$$

wird. Die Konstante V_0 stellt hierin für $x = 0$ die Vertikalspannung V im Endpunkte A dar. Setzen wir diesen Ausdruck in (11) ein, so wird

$$\frac{dy}{dx} = \frac{Q}{H}\frac{x}{l} + \frac{V_0}{H} \quad \cdot \quad \cdot \quad \cdot \quad \cdot \quad \cdot \quad (11\,a),$$

oder integriert mit einer Konstanten y_0

$$y = \frac{Q x^2}{2 H l} + \frac{V_0}{H}\,x + y_0 \quad \cdot \quad \cdot \quad \cdot \quad \cdot \quad (13),$$

worin $y = y_0$ für $x = 0$ wird, so daß y_0 die Ordinate des Punktes A bedeutet. Unser Ergebnis stellt daher die Gleichung einer Parabel dar, in der somit das über die ganze Spannweite gleichförmig belastete Seil herabhängt. Liegen A und B auf gleicher Höhe, so liegt die Parabel symmetrisch zur mittleren Normalen von AB, und die beiden Vertikalspannungen an den Endpunkten werden einander gleich, nämlich

$$V_0 = -\frac{Q}{2} \quad \cdot \quad \cdot \quad \cdot \quad \cdot \quad \cdot \quad \cdot \quad (13\,a),$$

während die Spannung im tiefsten Punkte, dem Parabelscheitel stets mit der Horizontalspannung H übereinstimmt.

Die vorstehende Entwicklung gilt auch noch angenähert für flach durchhängende Seile, welche nur durch ihr über die Bogenlänge gleichförmig verteiltes Gewicht belastet sind, wie z. B. Telegraphendrähte, weil in diesem Falle die Bogenlänge sich nur wenig von der Abszisse unterscheidet (vergl. § 12, Beispiel 10).

5. Beispiel. Besitzt ein geometrisches Gebilde eine Symmetrieachse, so wird in bezug auf diese das statische Moment verschwinden, da in den Ausdrücken

$$\int x\,ds, \quad \int x\,dF, \quad \int x\,dV,$$

jedem Elemente ds, dF, dV mit positivem Abstand von der Symmetrieachse ein kongruentes mit negativem Abstand entspricht, so daß sich bei der Summierung bzw. Integration zwei Elemente $\pm\,x\,ds$, $\pm\,x\,dF$, $\pm\,x\,dV$ aufheben. Daraus geht dann hervor, daß der Schwerpunkt selbst auf der Symmetrieachse liegt, bzw. daß diese eine Schwerachse bildet. Die Schwerpunktsbestimmung reduziert sich in solchen Fällen einfach auf die Ermittlung seiner Lage auf der Symmetrieachse. So liegt der Schwerpunkt einer geraden Strecke in ihrer Mitte, der eines Rechteckes und einer Ellipse mit zwei Symmetrieachsen in deren als Mittelpunkt bezeichneten Schnitte usf.

Für ein gleichschenkliges Dreieck (Fig. 112) mit der Basis a und der Höhe h erhält man in bezug auf eine Parallele durch die Spitze zur Basis $dF = x\,dy$ und wegen $x : a = y : h$ und $F = \frac{1}{2}\,a\,h$

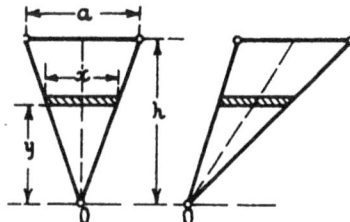

$$y_0\,F = y_0\,\frac{a\,h}{2} = \int\limits_0^h y\,dF$$

$$= \frac{a}{h}\int\limits_0^h y^2\,dy = \frac{a\,h^2}{3}$$

oder

$$y_0 = \frac{2}{3}\,h \ \ . \ \ . \ \ (14).$$

Fig. 112   Fig. 112a.

Dies gilt auch noch für das schiefe Dreieck (Fig. 112a), in dem der Schwerpunkt auf der punktierten Halbierungslinie liegen muß, da jedem Elemente des schraffierten Flächenstreifens ein gleichgroßes auf der andern Seite der Halbierungslinie entspricht

Für einen Kreisbogen (Fig. 113) von der halben Öffnung φ_0 ist die ganze Bogenlänge $s = 2\,r\,\varphi_0$ und $ds = r\,d\varphi$, also

$$y_0\,s = 2\,y_0\,r\,\varphi_0 = \int\limits_{-\varphi_0}^{+\varphi_0} y\,ds = r^2\int\limits_{-\varphi_0}^{+\varphi_0}\cos\varphi\,d\varphi = 2\,r^2\sin\varphi_0$$

oder

$$y_0 = \frac{r\sin\varphi_0}{\varphi_0} \ \ . \ \ . \ \ . \ \ . \ \ . \ \ . \ \ . \ \ (15),$$

d. h. der Schwerpunktabstand eines Kreisbogens vom Mittelpunkte verhält sich zum Radius wie die Sehne AB zum Bogen.

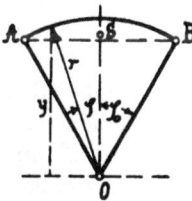
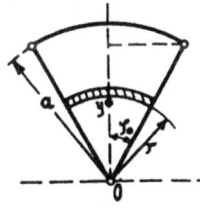

Fig. 113.   Fig. 114.

Multiplizieren wir dann den ermittelten Schwerpunktabstand des Kreisbogens mit dem schraffierten Flächenelement $dF = 2\,\varphi_0\,r\,dr$ des Sektors vom Radius a (Fig. 114), so ergibt sich als dessen statisches Moment

$$y_1\,a^2\varphi_0 = \int\limits_0^a \frac{r\sin\varphi_0}{\varphi_0}\,2\,r\,\varphi_0\,dr = 2\sin\varphi_0\int\limits_0^a r^2\,dr = \frac{2}{3}\,a^3\sin\varphi_0$$

oder

$$y_1 = \frac{2}{3}\,a\,\frac{\sin\varphi_0}{\varphi_0} \ \ . \ \ . \ \ . \ \ . \ \ . \ \ . \ \ . \ \ (16).$$

Für $\varphi_0 = \dfrac{\pi}{2}$ wird aus (15) für den **Halbkreisbogen**

$$y_0 = \frac{2\,r}{\pi} \quad \ldots \ldots \ldots \ldots \quad (15\,\text{a})$$

und nach (16) die **Halbkreisfläche**

$$y_1 = \frac{4}{3}\frac{a}{\pi} \quad \ldots \ldots \ldots \ldots \quad (16\,\text{a}).$$

§ 20. Die Bewegung starrer Körper.

Da die einzelnen Teile eines festen Körpers unter dem Einfluß äußerer Kräfte nicht ohne weiteres voneinander zu trennen
sind, so müssen wir schließen, daß sie durch sog. innere
Kräfte zusammengehalten werden, welche in die Richtung der
Verbindungslinie je zweier Massenelemente fallen und nach
dem Satze von Wirkung und Gegenwirkung einander entgegengesetzt gleich sein müssen. Daher kommen diese inneren Kräfte
eines festen Körpers, obwohl sie ihrer Größe nach durch die
äußeren Kräfte bedingt sind, nach außen hin gar nicht zur Gel-
tung, weshalb man sie wohl auch nach dem Vorgange von
D'Alembert als verlorene Kräfte bezeichnet. Dies tritt
am klarsten hervor an zwei mit-
einander durch eine starre Gerade
verbundenen Massenpunkten m_1
und m_2 (Fig. 115), welche den
einfachsten Fall eines starren
Körpers darstellen. Bezeichnen
wir die augenblicklichen Koordinaten der Massenpunkte mit
$x_1 y_1$, $x_2 y_2$, die Komponenten der
an ihnen angreifenden äußeren
Kräfte Q_1 und Q_2 mit $X_1 Y_1$ bzw.

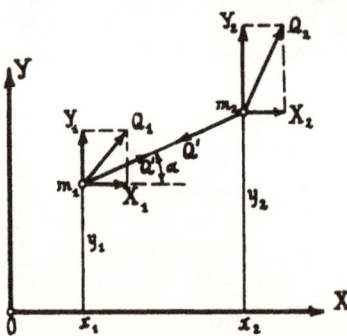

Fig. 115.

$X_2 Y_2$ und die in die Verbindungs-
gerade mit der Neigung α gegen die X-Achse fallende innere Kraft
mit Q', welche die Verbindung geradezu ersetzt, so erhalten wir
zunächst für die Masse m_1 die Bewegungsgleichungen

$$X_1 + Q'\cos\alpha = m_1\frac{d^2x_1}{dt^2}, \quad Y_1 + Q'\sin\alpha = m_1\frac{d^2y_1}{dt^2} \quad (1),$$

während für die Masse m_2 mit entgegengesetztem Q'

$$X_2 - Q' \cos \alpha = m_2 \frac{d^2 x_2}{d t^2}, \quad Y_2 - Q' \sin \alpha = m_2 \frac{d^2 y_2}{d t^2} \quad (1\,\text{a})$$

gilt. Durch Addition der gleichgerichteten Komponenten wird daraus unter Wegfall der inneren Kraft

$$\left. \begin{aligned} X_1 + X_2 &= m_1 \frac{d^2 x_1}{d t^2} + m_2 \frac{d^2 x_2}{d t^2} \\ Y_1 + Y_2 &= m_1 \frac{d^2 y_1}{d t^2} + m_2 \frac{d^2 y_2}{d t^2} \end{aligned} \right\} \quad \cdots \quad (2).$$

Sind mehr als zwei solcher Massenpunkte vorhanden, so können wir für jeden derselben wieder die Bewegungsgleichungen anschreiben, in denen dann ebensoviel innere Kräfte wie Verbindungsgerade vorkommen, die sich dann in gleicher Weise bei der Addition aller gleichgerichteten Komponenten aufheben, so daß man auch für ein beliebiges ebenes Massensystem allgemein schreiben darf

$$\Sigma X = \Sigma m \frac{d^2 x}{d t^2}, \quad \Sigma Y = \Sigma m \frac{d^2 y}{d t^2} \quad \cdots \quad (2\,\text{a}).$$

Hierin sind aber ΣX und ΣY nichts anderes als die Komponenten der Resultante R aller an dem Massensystem angreifenden Kräfte. Führen wir nun noch den Schwerpunkt des Systems ein, dessen bei der Bewegung veränderliche Koordinaten $x_0\, y_0$ durch die Gleichungen

$$\left. \begin{aligned} x_0 \Sigma m &= x_1 m_1 + x_2 m_2 + \ldots = \Sigma x m \\ y_0 \Sigma m &= y_1 m_1 + y_2 m_2 + \ldots = \Sigma y m \end{aligned} \right\} \quad \cdots \quad (3)$$

gegeben sind, so erhalten wir auch durch zweimalige Differentiation

$$\left. \begin{aligned} \frac{d^2 x_0}{d t^2} \Sigma m &= m_1 \frac{d^2 x_1}{d t^2} + m_2 \frac{d^2 x_2}{d t^2} + \ldots = \Sigma m \frac{d^2 x}{d t^2} \\ \frac{d^2 y_0}{d t^2} \Sigma m &= m_1 \frac{d^2 y_1}{d t^2} + m_2 \frac{d^2 y_2}{d t^2} + \ldots = \Sigma m \frac{d^2 y}{d t^2} \end{aligned} \right\} \quad \cdot \quad (3\,\text{a}).$$

oder eingesetzt in (2 a)

$$\Sigma X = \frac{d^2 x_0}{d t^2} \Sigma m, \quad \Sigma Y = \frac{d^2 y_0}{d t^2} \Sigma m \quad \cdots \quad (2\,\text{b}),$$

d. h. der Schwerpunkt eines beliebigen Massensystems bewegt sich gerade so, als wenn die Resultante aller äußeren Kräfte auf die in ihm vereinigte Gesamtmasse wirkt.

Da nun die Resultante von vornherein weder durch den Koordinatenanfang noch durch den Schwerpunkt zu gehen braucht, so wird durch ihre Parallelverschiebung in die Schwerachse ein **Kräftepaar** geweckt, dessen Wirkung auf das System wir noch festzustellen haben. Das Moment dieses Kräftepaares ist identisch mit dem Moment der Resultanten, welches wir nach den Lehren des letzten Paragraphen durch algebraische Summierung der Momente der Einzelkräfte bzw. der Momente ihrer Komponenten erhalten. Multiplizieren wir demgemäß für den Fall der Fig. 115 die erste Gl. (1) mit dem Hebelarm y_1, die zweite mit x_1 und ziehen von ihr die erste ab, so folgt

$$Y_1 x_1 - X_1 y_1 + Q'\,(x_1 \sin a - y_1 \cos a) = m_1 \left(x_1 \frac{d^2 y_1}{d t^2} - y_1 \frac{d^2 x_1}{d t^2} \right) \quad (4).$$

Verfahren wir ebenso mit der Gl. (1 a), so erhalten wir

$$Y_2 x_2 - X_2 y_2 - Q'\,(x_2 \sin a - y_2 \cos a) = m_2 \left(x_2 \frac{d^2 y_2}{d t^2} - y_2 \frac{d^2 x_2}{d t^2} \right) \quad (4\,a)$$

und durch Addition zu (4) mit Rücksicht auf

$$(x_2 - x_1) \sin a = (y_2 - y_1) \cos a$$

unter Wegfall der mit den inneren Kräften Q' behafteten Glieder

$$(Y_1 x_1 - X_1 y_1) + (Y_2 x_2 - X_2 y_2) = m_1 \left(x_1 \frac{d^2 y_1}{d t^2} - y_1 \frac{d^2 x_1}{d t^2} \right)$$
$$+ m_2 \left(x_2 \frac{d^2 y_2}{d t^2} - y_2 \frac{d^2 x_2}{d t^2} \right) \quad \ldots \ldots \quad (5).$$

Bei der Ausdehnung dieser Überlegung auf beliebige miteinander zusammenhängende Massenpunkte fallen ebenfalls die inneren Kräfte heraus und wir erhalten allgemein

$$\Sigma(Y x - X y) = \Sigma m \left(x \frac{d^2 y}{d t^2} - y \frac{d^2 x}{d t^2} \right) \quad \ldots \quad (5\,a)$$

als **Momentengleichung**, die mit den Formeln (2 a) bzw. (2 b) zusammen die Bewegung eines ebenen Massensystems bestimmt. Hierin bedeuten x und y die veränderlichen Koordinaten je eines Massenpunktes, der zugleich Angriffspunkt einer äußeren Kraft sein kann, aber nicht sein muß. Diese Koordinaten beziehen sich auf ein ganz willkürliches Achsenkreuz, dessen Anfang wir ebensogut wenigstens für einen Augenblick in den

Schwerpunkt S des Systems verlegen dürfen (Fig. 116), wodurch xy Koordinaten in bezug auf zwei zueinander normale Schwer-achsen werden. Bezeichnen wir ferner mit v_x und v_y, wie früher die Geschwindigkeitskomponenten eines Massenpunktes mit dem Fahrstrahl r vom Anfang, der mit der X-Achse den Winkel φ bildet, so er-halten wir zunächst

$$x \frac{d^2 y}{d t^2} - y \frac{d^2 x}{d t^2} = \frac{d}{d t}\left(x \frac{d y}{d t} - y \frac{d x}{d t}\right)$$

$$= \frac{d}{d t}(x v_y - y v_x)$$

oder wegen Gl. (6 b) § 17

$$x \frac{d^2 y}{d t^2} - y \frac{d^2 x}{d t^2} = \frac{d}{d t}\left(r^2 \frac{d\varphi}{d t}\right) \quad (6).$$

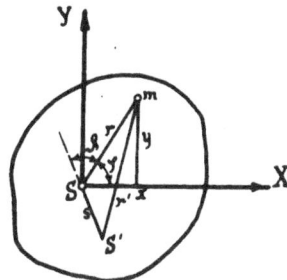

Fig. 116.

Damit aber geht die Gleichung (5a) für das Moment $M = \Sigma(Yx - Xy)$ über in

$$M = \Sigma m \frac{d}{d t}\left(r^2 \frac{d\varphi}{d t}\right) \quad . \quad . \quad . \quad . \quad (6\,\mathrm{a}),$$

das, wie wir gesehen haben, auch noch gilt, wenn der Anfang mit dem Schwerpunkt zusammenfällt, womit r den Schwerpunkts-abstand eines Massenpunktes bezeichnet. Ist insbesondere unser Massensystem **starr**, so bleibt die gegenseitige Lage seiner Punkte untereinander, sowie gegen den Schwerpunkt bei der Be-wegung ungeändert, d. h. r ist unabhängig von der Zeit. Ander-seits aber erfährt in diesem Falle jeder Fahrstrahl r eines Massenpunktes dieselbe Änderung des Drehwinkels φ, so daß sowohl die Winkelgeschwindigkeit $\frac{d\varphi}{d t}$, als auch die sog. Winkel-beschleunigung $\frac{d^2\varphi}{d t^2}$ allen Bestandteilen des starren Systems ge-meinsam ist und daher in Gl. (6a) vor das Summenzeichen ge-setzt werden darf. Die Gleichung (6a) geht damit über in

$$M = \frac{d^2\varphi}{d t^2} \Sigma m r^2 = \Theta \frac{d^2\varphi}{d t^2} \quad . \quad . \quad . \quad (6\,\mathrm{b}),$$

worin wir den Ausdruck

$$\Theta = \Sigma m r^2 \quad . \quad . \quad . \quad . \quad . \quad . \quad (7)$$

als das **polare Trägheitsmoment des starren Körpers in bezug auf seinen Schwerpunkt** bezeichnen. Die

äußeren Kräfte rufen demnach an einem Massensystem außer der Beschleunigung des Schwerpunktes
durch die dorthin verschobene Resultante, infolge
des Auftretens eines Kräftepaares noch eine dessen
Moment proportionale Winkelbeschleunigung um
den Schwerpunkt hervor.

Bemerkenswert ist der analoge Bau der Formel (6 b) zur
einfachen Beziehung $Q = mq$ zwischen der Kraft Q, der Masse m
und der Beschleunigung q, denen in der Momentengleichung das
Moment M, das Trägheitsmoment Θ und die Winkelbeschleunigung $\dfrac{d^2\varphi}{dt^2}$ entsprechen. An Stelle des Trägheitsmomentes kann
man auch unter Einführung einer Länge k

$$\Theta = \Sigma m r^2 = k^2 \Sigma m \quad \ldots \ldots \quad (7\,\mathrm{a})$$

setzen, d. h. sich die Gesamtmasse auf einen Kreis vom Radius k
um den Schwerpunkt gleichförmig verteilt denken, weshalb man k
auch als den Trägheitshalbmesser in bezug auf den Schwerpunkt bezeichnet.

Da die vorstehenden Überlegungen nur die starre Verbindung des Bezugspunktes mit den Massenpunkten des Systems
voraussetzen, so gelten sie offenbar auch für jeden diese Bedingung erfüllenden Punkt S', dessen Abstand vom Schwerpunkt s sein möge. Auf diesen neuen Punkt ist natürlich dann
auch das Moment M' der Resultante, wie auch das polare Trägheitsmoment $\Theta' = \Sigma m r'^2$ zu beziehen, worin r' den unverän-
derlichen Abstand eines Massenpunktes von S' bedeutet. Da nun
in Fig. 116 mit dem Neigungswinkel ϑ zwischen s und r

$$r'^2 = r^2 + s^2 + 2\,s\,r \cos \vartheta,$$

so folgt auch

$$\Sigma m r'^2 = \Sigma m r^2 + s^2 \Sigma m + 2 s \Sigma m r \cos \vartheta.$$

Hierin ist aber $r \cos \vartheta$ der Abstand des Massenpunktes m von
der zum Abstand s senkrechten Schwerachse durch S; daher
verschwindet $\Sigma m r \cos \vartheta$ als statisches Moment in bezug auf eine
Schwerachse und es bleibt

$$\Sigma m r'^2 = \Sigma m r^2 + s^2 \Sigma m$$

oder

$$\Theta' = \Theta + s^2 \Sigma m \quad \ldots \ldots \quad (7\,\mathrm{b}).$$

Führen wir dann noch die Trägheitshalbmesser k und k' durch

(7a) bzw. $\Theta' = k'^2 \Sigma m$ ein, so erhalten wir auch

$$k'^2 = k^2 + s^2 \quad \ldots \quad \ldots \quad (7\,\mathrm{c}),$$

d. h. der Trägheitshalbmesser in bezug auf einen beliebigen Punkt ist die Hypothenuse eines rechtwinkligen Dreiecks, dessen Katheten der Schwerpunktsabstand und der Trägheitshalbmesser in bezug
auf den Schwerpunkt bilden. Gleichzeitig erkennt man aus
(7b), da s^2 nur positiv sein kann, daß das Trägheitsmoment
in bezug auf den Schwerpunkt des Systems das kleinste
aller möglichen Trägheitsmomente sein muß.

Ist die Massenverteilung eine kontinuierliche, so erhalten wir, unter m die Gesamtmasse verstanden, an Stelle von
(7a) analog den Ausdrücken für das statische Moment in § 19

$$\Theta = m\,k^2 = \int r^2\,dm \quad \ldots \quad \ldots \quad (8)$$

und daher für eine mit Masse gleichförmig belegte Linie s
bzw. Fläche F unter Wegfall der Massenbelegung für die
Einheit

$$s\,k^2 = \int r^2\,ds; \quad F\,k^2 = \int r^2\,dF \quad \ldots \quad (8\,\mathrm{a}).$$

Eine entsprechende Formel kann man auch für das Volumen
aufstellen, wenn dieses in lauter Elementarscheiben normal zu einer
Drehachse zerlegt wird. Das Trägheitsmoment des Volumens
ergibt sich dann als die Summe der Scheibenträgheitsmomente,
die wieder durch Integration gewonnen wird.

1. Beispiel. Heben sich die an einem Massensystem oder starren
Körper wirkenden äußeren Kräfte auf, so verschwinden mit der Resultante auch deren Komponenten ΣX und ΣY, so daß nach (2b) der
Schwerpunkt des Systems keiner Beschleunigung mehr unterworfen
ist. Der Schwerpunkt wird sich in diesem Falle des
Kräftegleichgewichts mit konstanter Geschwindigkeit
geradlinig weiter bewegen. Verschwindet außerdem noch das
Moment der Resultanten, d. h. wirkt auf das System kein Kräftepaar,
so ist nach (6b) infolge des Wegfalls der Winkelbeschleunigung noch
eine Rotation mit konstanter Winkelgeschwindigkeit
um den geradlinig fortschreitenden Schwerpunkt
möglich.

Die Explosion einer Granate erfolgt durch die Wirkung innerer
Kräfte, welche auf die Bewegung des Systems als Ganzes ohne Einfluß sind. Erfolgt also die Explosion vor dem Aufschlagen in der
Bahn, so bewegt sich der Schwerpunkt — wenn von der Wirkung
der Luft abgesehen wird — unter dem Einfluß der Schwere in der

ursprünglichen Wurfparabel weiter, trotzdem die einzelnen Splitter hiervon ganz verschiedene Bahnen beschreiben.

2. Beispiel. Eine zylindrische Walze vom Radius a, der
homogen verteilten Masse m und dem Trägheitshalbmesser k rolle eine
schiefe Ebene mit dem Neigungswinkel α herab (Fig. 117). Alsdann

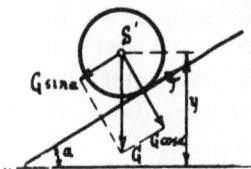

greift zunächst im Walzenzentrum S als
Schwerpunkt das Gewicht $G = mg$ an, von
dem aber die zur schiefen Ebene normale
Komponente $G \cos \alpha$ durch deren Gegenwirkung aufgehoben wird. Unter dem Einfluß der andern Komponente $G \sin \alpha$ würde
dann die Walze einfach abrutschen, wenn
sie nicht am Gleiten durch eine Tangential-

Fig. 117.

kraft T an ihrem Berührungspunkt mit der Ebene gehindert würde.
Diese von der Rauhigkeit der Oberfläche herrührende Kraft T ist nun
ebenfalls nach der Walzenmitte zu verschieben, so daß dort nur noch
als treibende Kraft $G \sin \alpha - T$ übrig bleibt. Ist dann v die momentane Schwerpunktsgeschwindigkeit, so hat man

$$G \sin \alpha - T = m \frac{dv}{dt} \quad \ldots \ldots \ldots \quad (9).$$

Außerdem aber ist durch die Parallelverschiebung von T ein Kräftepaar mit dem Moment Ta geweckt worden, welches die Winkelgeschwindigkeit der Walze $\omega = \dfrac{d\varphi}{dt}$ derart vergrößert, daß

$$Ta = mk^2 \frac{d^2\varphi}{dt^2} = mk^2 \frac{d\omega}{dt} \quad \ldots \ldots \quad (10).$$

Da nun die Walze nicht gleitet, sondern sich nur abwälzt, so ist
das Wegelement des Schwerpunktes gleich dem Bogenelement des Umfangs, also $ds = a\,d\varphi$ oder nach Division mit dt

$$v = a\omega,$$

womit (10) übergeht in

$$T = m \frac{k^2}{a^2} \frac{dv}{dt} \quad \ldots \ldots \ldots \quad (10a).$$

Setzen wir dies schließlich in (9) ein und beachten noch, daß
$G = mg$, so folgt

$$g \sin \alpha = \left(1 + \frac{k^2}{a^2}\right) \frac{dv}{dt} \ldots \ldots \ldots \quad (11)$$

oder nach Multiplikation mit $ds = -\dfrac{dy}{\sin \alpha}$, wenn y die momentane
Schwerpunktshöhe über irgendeinem Horizont bedeutet

$$-g\,dy = \left(1 + \frac{k^2}{a^2}\right) \frac{ds}{dt}\,dv = \left(1 + \frac{k^2}{a^2}\right) v\,dv \quad \ldots \quad (11a).$$

Dies liefert integriert zwischen den Grenzen y_0 und y

$$g(y_0 - y) = \left(1 + \frac{k^2}{a^2}\right)\frac{v^2 - v_0^2}{2}$$

oder wenn wir die durchfallene Schwerpunktshöhe $y_0 - y = h$ setzen

$$v^2 = v_0^2 + \frac{2gh}{1 + \frac{k^2}{a^2}} \quad \ldots \ldots \quad (11\,\mathrm{b}).$$

Die Endgeschwindigkeit des Walzenschwerpunkts ist demnach infolge der Rotation geringer, als wenn die Walze ohne abzurollen die Höhe h nur durchfallen hätte.

3. Beispiel. An einem um den Punkt O im Schwerpunktsabstande $OS = s'$ drehbaren Körper, einem sog. physischen Pendel (Fig. 118) vom Gewichte $G = mg$ wirkt bei der Neigung φ der Schwerachse gegen die Vertikale $O'Z$ das Moment $M = Gs'\sin\varphi$ derart, daß es den Winkel φ zu verkleinern strebt. Infolgedessen ist mit dem Trägheitshalbmesser k' des Pendels in bezug auf O zu setzen

$$m\,k'^2\,\frac{d^2\varphi}{dt^2} = -\,G\,s'\sin\varphi = -\,m\,g\,s'\sin\varphi$$

oder

$$\frac{d^2\varphi}{dt^2} = -\frac{g\,s'}{k'^2}\sin\varphi\ , \quad \ldots \quad (12).$$

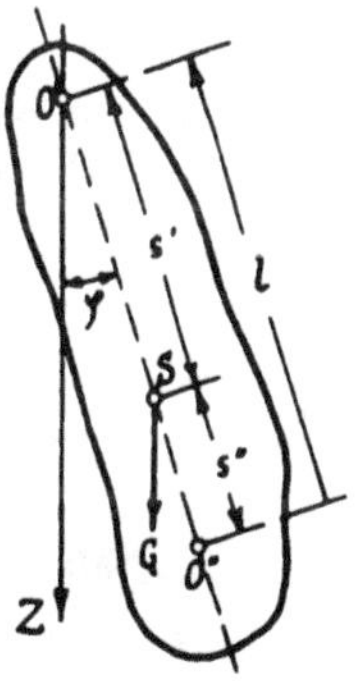

Fig. 118.

Vergleichen wir diese Formel mit Gl. (15) § 16 für das mathematische Pendel von der Länge l, so stimmt sie vollkommen mit dieser überein, wenn wir

$$\frac{k'^2}{s'} = l \quad \ldots \ldots \quad (12\,\mathrm{a}).$$

setzen. Man bezeichnet darum auch diese Länge l als die auf das mathematische Pendel reduzierte Pendellänge. Da weiterhin nach Gl. (17) § 16 die Schwingungsdauer des Pendels für kleine Ausschläge

$$t_0 = 2\pi\sqrt{\frac{l}{g}} = 2\pi\sqrt{\frac{k'^2}{s'g}} \quad \ldots \ldots \quad (12\,\mathrm{b}),$$

so kann man bei bekanntem Schwerpunktsabstand s' der Drehachse aus der Schwingungsdauer den Trägheitshalbmesser des Pendels bestimmen. Führt man dann noch durch Gl. (7c) den Trägheitshalbmesser in bezug auf den Schwerpunkt in (12a) ein, so wird daraus

$$k^2 + s'^2 = l\,s' \quad \ldots \ldots \ldots \quad (13)$$

oder nach s' aufgelöst

$$s' = \frac{l}{2} \pm \sqrt{\frac{l^2}{4} - k^2} \ . \ . \ . \ . \ . \ . \ . \quad (13\,\text{a}),$$

d. h. es gibt für jedes Pendel zwei Drehpunkte O' und O'' in verschiedenen Abständen vom Schwerpunkt, welche auf dieselbe reduzierte Länge l und damit auf dieselbe Schwingungsdauer führen. Bezeichnet man diese beiden Abstände mit s' und s'', so ist aus (13a)

$$s' + s'' = l \ . \ . \ . \ . \ . \ . \ . \ . \quad (13\,\text{b}),$$

d. h. der Abstand der beiden Drehpunkte für dieselbe Schwingungsdauer ist gleich der reduzierten Pendellänge. Ein derartiges, mit zwei meist als Schneiden ausgebildeten Drehpunkten versehenes Pendel, von denen die eine gewöhnlich zur scharfen Einstellung auf die gleiche Schwingungsdauer verschiebbar angeordnet wird, bezeichnet man dann als Reversionspendel.

4. Beispiel. Das polare Trägheitsmoment einer Kreisringfläche mit den Radien r_1 und r_2 (Fig. 119) in bezug auf ihren Mittelpunkt ist nach Gl. (8a) mit $dF = 2\pi r\, dr$ und $F = \pi(r_2^2 - r_1^2)$, gegeben durch

$$\Theta = \pi(r_2^2 - r_1^2)\, k^2 = 2\pi \int_{r_1}^{r_2} r^3\, dr = \frac{\pi}{2}\,(r_2^4 - r_1^4) \ . \ . \quad (14),$$

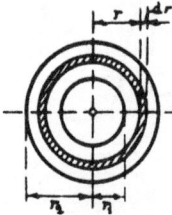

woraus

$$k^2 = \frac{1}{2}\,\frac{r_2^4 - r_1^4}{r_2^2 - r_1^2} = \frac{1}{2}\,(r_2^2 + r_1^2). \quad (14\,\text{a})$$

resultiert.

Allgemeiner haben wir also auch wegen $r^2 = x^2 + y^2$

$$\Theta = \Sigma\, m\, r^2 = \Sigma\, m\, x^2 + \Sigma\, m\, y^2 \ . \ . \quad (15),$$

Fig. 119.   worin wir die Ausdrücke

$$\Sigma\, m\, x^2 = \Theta_x = k_x^2\, \Sigma\, m, \quad \Sigma\, m\, y^2 = \Theta_y = k_y^2\, \Sigma\, m \quad (15\,\text{a})$$

als die Trägheitsmomente in bezug auf die Y- bzw. X-Achse oder kurz als axiale Trägheitsmomente bezeichnen, denen die Trägheitshalbmesser k_x und k_y derart entsprechen, daß

$$k_x^2 + k_y^2 = k^2 \ . \ . \ . \ . \ . \ . \ . \quad (15\,\text{b})$$

ist. Von diesen axialen Trägheitsmomenten geht man zweckmäßig immer aus, wenn es sich um andere als Kreisringflächen handelt. So erhält man z. B. für das Rechteck (Fig. 120) mit den Seiten a und b und der Fläche $F = ab$ in bezug auf zwei Symmetrieachsen durch den Schwerpunkt O

$$\Theta_x = k_x{}^2 ab = \int\limits_{-\frac{a}{2}}^{+\frac{a}{2}} x^2 b\, dx = \frac{a^3 b}{12}, \qquad k_x{}^2 = \frac{a^2}{12}$$

$$\Theta_y = k_y{}^2 ab = \int\limits_{-\frac{b}{2}}^{+\frac{b}{2}} y^2 a\, dy = \frac{b^3 a}{12}, \quad k_y{}^2 = \frac{b^2}{12} \right\} \quad \ldots \; (16)$$

und daher das polare Trägheitsmoment

$$\Theta = \frac{ab}{12}(a^2 + b^2), \; k^2 = \frac{a^2 + b^2}{12} \; \ldots \ldots \; (16\,\mathrm{a}).$$

Das Trägheitsmoment $\Theta_x{}'$ in bezug auf eine um s vom Schwerpunkt entfernte Parallele zur Y-Achse ist dann allgemein mit $x' = s + x$ (Fig. 121)

$$\Theta_x{}' = \Sigma m\,(s + x)^2 = s^2\,\Sigma m + \Sigma m\,x^2 + 2\,s\,\Sigma m\,x$$

oder, da das statische Moment $\Sigma m\,x$ in bezug auf die Schwerachse OY verschwindet,

$$\Theta_x{}' = s^2 \Sigma m + \Sigma m\,x^2 \; (17)$$

mit dem Trägheitshalbmesser $k_x{}'$, der sich aus

$$k_x{}'^2 = s^2 + k_x{}^2 \quad (17\,\mathrm{a})$$

berechnet. Die durch Gl. (7c) dargestellte Beziehung zwischen den

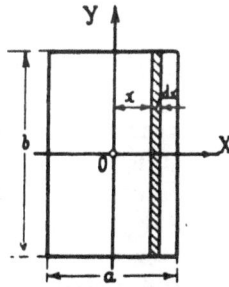

Fig. 120.

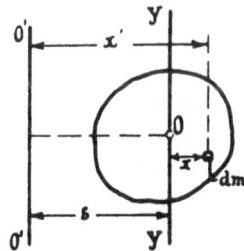

Fig. 121.

polaren Trägheitsradien gilt demnach auch für die axialen, so daß man bei beliebig vorgelegten Achsen immer von den Trägheitsmomenten in bezug auf die parallelen Schwerachsen ausgehen kann.

§ 21. Die Arbeit.

Wirkt auf einen Massenpunkt m eine Kraft Q und ein dieser entgegengesetzter Widerstand W, so ruft die Resultante beider $Q - W$ eine gleich gerichtete Beschleunigung $q = \dfrac{dv}{dt}$ hervor, derart, daß

$$Q - W = m\frac{dv}{dt} \; \ldots \; \ldots \; \ldots \; (1).$$

Multiplizieren wir diese Gleichung mit dem Wegelement ds des Massenpunktes und beachten, daß $ds = v\,dt$ ist, so folgt auch

$$Q\,ds = W\,ds + m\,v\,dv \; \ldots \; \ldots \; \ldots \; (1\,\mathrm{a})$$

oder integriert zwischen zwei Grenzen s_0 und s, denen die Geschwindigkeiten v_0 und v entsprechen

$$\int_{s_0}^{s} Q\, ds = \int_{s_0}^{s} W\, ds + \frac{m}{2}\,(v^2 - v_0{}^2) \quad \cdots \quad (1\,\mathrm{b}).$$

Hierin bezeichnen wir die linke Seite als die **Arbeit der treibenden Kraft** Q, das erste Glied der rechten Seite als die **Arbeit des Widerstandes** W und den Ausdruck $\frac{m}{2}\,v^2$ als die **Bewegungsenergie** oder **kinetische Energie der Masse** m. Dann besagt die Gl. (1 b), daß **die Arbeit der treibenden Kraft gleich ist derjenigen des Widerstandes vermehrt um den Zuwachs der kinetischen Energie der unter dem Einfluß beider bewegten Masse.**

Die Integrale der Gl. (1 b) sind nur ausführbar, wenn die beiden Kräfte Q und W als Funktionen des Weges s gegeben sind, dagegen kommt in dieser Gleichung die Zeit nicht mehr vor, so daß also die Änderung der kinetischen Energie einer bewegten Masse unter dem Einfluß von Kräften, die nur mit dem Orte der Masse, d. h. mit ihrer Lage variieren, selbst eine Funktion der Lagenänderung und unabhängig von der Zeit ist. Dieses Ergebnis wird besonders übersichtlich durch die graphische Verzeichnung der Abhängigkeit der Kraft und des Widerstandes vom Wege s, vgl. Fig. 122, wobei die beiden Integrale in (1b) als Flächen zwischen der Kraft- bzw. Widerstandskurve und der Abszissenachse erscheinen, deren schraffierte Differenz dann ein Maß für die Änderung der kinetischen Energie auf dem Wege $s - s_0$

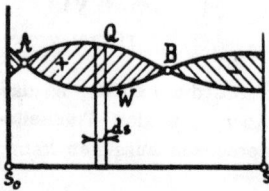

Fig. 122.

bildet. In den Schnittpunkten A und B beider Kurven verschwindet nach (1) die Beschleunigung; und daher ist dort die Geschwindigkeit bzw. die kinetische Energie ein Minimum bzw. ein Maximum, wenn zwischen ihnen die Kraftkurve Q über der Widerstandskurve W verläuft.

Im Falle einer konstanten Kraft ist die Arbeit das Produkt aus der Kraft mit dem durchlaufenen Wege, weshalb man in der Technik als Maßeinheit der Arbeit das **Meterkilogramm** (mkg) benutzt, während die Physiker als Einheit das Produkt von 1 Dyne mit 1 cm gewählt haben und als **Erg** bezeichnen.

Ist die Bewegung des Massenpunktes P eine krummlinige (Fig. 123), so bildet die Resultante R der Kräfte Q und W, die selbst nicht einmal in dieselbe Ge- rade zu fallen brauchen, im allge- meinen mit den Bahnelementen ds einen Winkel ϑ. Bezeichnen wir die Komponenten der Resultanten mit X und Y, diejenigen der Bahn- geschwindigkeit wie früher mit v_x und v_y, so haben wir die beiden von- einander unabhängigen Bewegungs- formeln

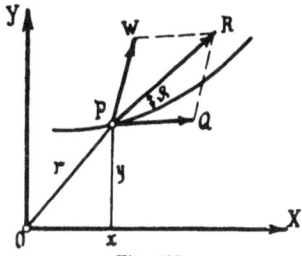

Fig. 123.

$$X = m\,\frac{d\,v_x}{d\,t}, \quad Y = m\,\frac{d\,v_y}{d\,t} \quad \ldots \ldots (2).$$

Multiplizieren wir die erste mit $dx = v_x d\,t$, die zweite mit $dy = v_y d\,t$ und addieren, so folgt

$$X\,dx + Y\,dy = m\,(v_x d v_x + v_y d v_y) \ldots (2\,\mathrm{a})$$

oder auch, da

$$\left.\begin{array}{l} v_x^2 + v_y^2 = v^2 \\ v_x d v_x + v_y d v_y = v\,dv \end{array}\right\} \ldots \ldots (3)$$

die resultierende Geschwindigkeit von m liefert,

$$X\,dx + Y\,dy = m v\,dv \quad \ldots \ldots (2\,\mathrm{b}).$$

Vergleichen wir diese Formel mit (1 a), so erkennen wir, daß die rechte Seite wieder das Differential der kinetischen Energie der Masse m darstellt, während links die Summe der Arbeits- elemente der beiden Kraftkomponenten X und Y steht. Ist ferner mit dem Neigungswinkel α der Kraft gegen die X-Achse

$$X = R\cos\alpha, \quad Y = R\sin\alpha$$

und mit der Bahnneigung τ

$$dx = ds\cos\tau, \quad dy = ds\sin\tau,$$

so wird aus der linken Seite von (2 b) mit $\alpha - \tau = \vartheta$

$$R\,ds\,(\cos\alpha\cos\tau + \sin\alpha\sin\tau) = R\,ds\cos(\alpha - \tau) = R\,ds\cos\vartheta$$

oder

$$R\,ds\cos\vartheta = m v\,dv \quad \ldots \ldots (4),$$

d. h. **für die Arbeit einer Kraft kommt nur die in die Bahntangente fallende Komponente in Betracht,** während die Normalkraft zur Bahn keine Arbeit leistet, da in ihrer Richtung keine Verschiebung stattfindet.

Geht die Richtung der Resultanten dauernd durch einen festen Punkt, z. B. den Koordinatenanfang O, so sprechen wir von einer Zentralkraft und erhalten mit dem Fahrstrahl $OP = r$

$$\cos \alpha = \frac{x}{r}, \quad \sin \alpha = \frac{y}{r}, \quad x^2 + y^2 = r^2$$

oder

$$X\,dx + Y\,dy = R\,\frac{x\,dx + y\,dy}{r} = R\,dr$$

oder eingesetzt in (2b)

$$R\,dr = m\,v\,dv \quad \ldots \ldots \quad (5).$$

Diese Formel stimmt aber mit $R = mq$ vollständig mit der Gl. (4) § 17 für die Zentralbewegung überein, die mithin unter dem Einflusse einer Zentralkraft verläuft, welche ebenso wie die a. a. O. besprochene Zentralbeschleunigung nur eine Radialfunktion sein kann.

Sind mehrere Massenpunkte vorhanden, so gilt natürlich für jeden derselben die Gl. (2b), wenn X und Y die Komponenten der Resultante aller am Punkte angreifenden Kräfte einschließlich der inneren bedeuten. Sind dagegen die Massenpunkte starr miteinander verbunden, so heben sich die Arbeitselemente je zweier entgegengesetzt gleicher innerer Kräfte auf, da die in die Richtung der starren Verbindungslinie fallenden Verschiebungsprojektionen gleich groß ausfallen. Somit lautet die Energiegleichung eines starren (ebenen) Systems

$$\Sigma(X\,dx + Y\,dy) = \Sigma m\,v\,dv \quad \ldots \ldots \quad (6),$$

worin X und Y nur mehr Komponenten äußerer Kräfte darstellen. Befindet sich das System im Gleichgewichtszustande, so verschwindet mit $v = 0$ die ganze rechte Seite von (6) und es bleibt

$$\Sigma(X\,dx + Y\,dy) = 0 \quad \ldots \ldots \quad (6a).$$

Hierin stellen die Differentiale dx und dy, da im Gleichgewichte tatsächlich keine Ortsveränderungen stattfinden, nur mögliche unendlich kleine Verschiebungen dar, die wir darum virtuelle nennen und den Ausdruck (6a) als das Prinzip der virtuellen Verschiebungen bezeichnen. Es besagt dies nichts anderes, als den Ausgleich der virtuellen

Arbeiten der äußeren Kräfte, so daß das Differential ihrer Gesamtarbeit im Falle des Gleichgewichts verschwindet.

Die Energieformel eines starren Körpers gestattet übrigens noch eine bemerkenswerte Umfor-mung durch Einführung der Schwer-punktskoordinaten $x_0 y_0$, so daß wir nach Fig. 124 für die Koordinaten xy eines beliebigen Massenpunktes m im Schwerpunktsabstande r

$$\left.\begin{array}{l} x = x_0 + r \cos \varphi = x_0 + \xi \\ y = y_0 + r \sin \varphi = y_0 + \eta \end{array}\right\} \quad (7)$$

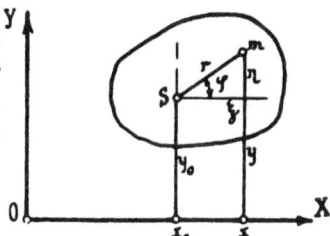

Fig. 124.

schreiben dürfen, worin ξ und η die Koordinaten von m in bezug auf zwei zu den ursprünglichen Achsen parallele Schwerachsen bedeuten. Daraus folgt aber

$$\left.\begin{array}{l} dx = dx_0 - r \sin \varphi\, d\varphi = dx_0 - \eta\, d\varphi \\ dy = dy_0 + r \cos \varphi\, d\varphi = dy_0 + \xi\, d\varphi \end{array}\right\} \cdot \cdot \cdot (7\,\text{a}),$$

womit die linke Seite von (6) übergeht in

$$\Sigma(X dx + Y dy) = dx_0 \Sigma X + dy_0 \Sigma Y + d\varphi \Sigma(Y\xi - X\eta),$$

oder, da $\Sigma(Y\xi - X\eta) = M$ das Moment der äußeren Kräfte in bezug auf den Schwerpunkt bedeutet, auch kürzer

$$\Sigma(X dx + Y dy) = dx_0 \Sigma X + dy_0 \Sigma Y + M d\varphi \quad . \quad (7\,\text{b}).$$

Anderseits ist nach (7 a) durch Division mit dt

$$\left.\begin{array}{l} v_x = \dfrac{dx}{dt} = \dfrac{dx_0}{dt} - \eta\, \dfrac{d\varphi}{dt} = v_{x_0} - \eta\, \omega \\[2mm] v_y = \dfrac{dy}{dt} = \dfrac{dy_0}{dt} + \xi\, \dfrac{d\varphi}{dt} = v_{y_0} + \xi\, \omega \end{array}\right\} \cdot \cdot (8),$$

wenn wir mit v_{x_0} und v_{y_0} die Komponenten der Schwerpunkts-geschwindigkeit v_0 und mit $\omega = \dfrac{d\varphi}{dt}$ die Winkelgeschwindigkeit der Drehung des Körpers bezeichnen. Durch Quadrieren und Addieren von (8) folgt aber wegen $v_x^2 + v_y^2 = v^2$, $v_{x_0}^2 + v_{y_0}^2 = v_0^2$, $\xi^2 + \eta^2 = r^2$

$$v^2 = v_0^2 + r^2 \omega^2 + 2\omega(\xi v_{y_0} - \eta v_{x_0}) \quad . \quad . \quad (8\,\text{a})$$

und nach Multiplikation mit m und Summierung über alle Massenpunkte

$$\Sigma m v^2 = v_0^2 \Sigma m + \omega^2 \Sigma m r^2 + 2\omega v_{y_0} \Sigma m \xi - 2\omega v_{x_0} \Sigma m \eta.$$

Hierin verschwinden aber die Größen $\Sigma m \xi$ und $\Sigma m \eta$ als statische

Momente in bezug auf zwei Schwerachsen und es bleibt unter
Einführung des Trägheitsmomentes $\Sigma m r^2 = \Theta$

$$\Sigma m v^2 = v_0^2 \Sigma m + \omega^2 \Theta . \quad . \quad . \quad . \quad . \quad (8\,\text{b}),$$

d. h. die kinetische Energie eines starren Körpers setzt
sich aus der kinetischen Energie der im Schwerpunkt
konzentriert gedachten und mit der Schwerpunkts-
geschwindigkeit bewegten Gesamtmasse sowie einem
der Rotation um den Schwerpunkt entsprechenden
Betrage, der sog. Rotationsenergie zusammen. Differenzieren wir schließlich die Gl. (8 b) und führen sie mit (7 b) in
die Energieformel (6) ein, so lautet diese auch, indem wir noch
für die Komponenten der Resultante aller Kräfte kürzer $\Sigma X = X_0$,
$\Sigma Y = Y_0$ schreiben

$$X_0\,dx_0 + Y_0\,dy_0 + M\,d\varphi = v_0\,dv_0\,\Sigma m + \Theta\,\omega\,d\omega . \quad (6\,\text{b}).$$

Diese Gleichung kann auch noch auf ein ganzes System starrer
Körper ausgedehnt werden, da auch hierbei die Arbeit der
inneren Kräfte verschwindet. In diesem Falle benutzt man für
die linke Seite bequemer die allgemeine Form, wie in (6) und
schreibt, unter m die Gesamtmasse eines solchen Körpers mit
dem Trägheitsmoment Θ verstanden

$$\Sigma(X\,dx + Y\,dy) = \Sigma m v_0\,dv_0 + \Sigma\Theta\,\omega\,d\omega \quad . \quad (6\,\text{c}).$$

   1. Beispiel. Ein Stein von der Masse m und dem Trägheitsmoment $\Theta = m k^2$ in bezug auf seinen Schwerpunkt werde an einem
masselosen Faden von der Länge r mit der Winkelgeschwindigkeit
ω herumgeschleudert, so daß sein Schwerpunkt in der Kreisbahn die
Geschwindigkeit $v_0 = r \omega$ besitzt. Wird plötzlich der Drehpunkt frei-
gegeben, so wirken, wenn wir zunächst von der Schwere absehen,
auf den Stein keine äußeren Kräfte, so daß wir aus (6 b) die Gleichung
erhalten

$$m v_0\,dv_0 + \Theta\,\omega\,d\omega = 0$$

oder

$$m \frac{v_0^2}{2} + \frac{\Theta\,\omega^2}{2} = \frac{m}{2}\,\omega^2\,(r^2 + k^2) = \text{Const.} \quad . \quad . \quad . \quad (9).$$

Hierin ist aber der Ausdruck $m(r^2 + k^2) = \Theta'$ das polare Trägheitsmoment des Steins in bezug auf den Fadendrehpunkt vor dem Abschleudern, so daß wir die gesamte kinetische Energie auch als Rotationsenergie um diesen Drehpunkt auffassen dürfen. Die Rotation
des Steines um seinen Schwerpunkt nach dem Abschleudern erkennt
man übrigens leicht an dem Aufwickeln des mitgeführten Fadens.
   2. Beispiel. Werfen wir einen an der Erdoberfläche ruhenden
Körper von der Masse m auf die Höhe h, so daß er dort die

Geschwindigkeit v besitzt, so ist der zu überwindende Widerstand sein Gewicht $G = mg$ mit einer vertikalen Richtung nach unten, so daß als Widerstandsarbeit nur das Produkt des Gewichtes mit der Projektion der Bahn auf eine Vertikale, d. h. mit der Höhe h selbst in Frage kommt. Mithin ist die dem Körper zu erteilende Arbeit $Gh + \frac{mv^2}{2}$.

Mit derselben Arbeit hätten wir den Körper auch auf eine andere Höhe h_1 bringen und ihm dort die Geschwindigkeit c erteilen können, so daß

$$Gh + \frac{mv^2}{2} = Gh_1 + m\frac{c^2}{2} \quad \ldots \ldots \quad (10)$$

wird. Alsdann sagen wir, daß der Körper in beiden Lagen in bezug auf die Erdoberfläche denselben Arbeits- oder Energieinhalt besitzt und bezeichnen insbesondere die Produkte Gh bzw. Gh_1 als seine potentielle Energie im Gegensatze zu der kinetischen $\frac{mv^2}{2}$ bzw. $\frac{mc^2}{2}$.

Setzen wir dann in die Gl. (10) für das Gewicht $G = mg$ ein, so folgt mit $h - h_1 = y$

$$2g(h - h_1) = 2gy = c^2 - v^2,$$

die uns aus § 16 Beispiel 3 schon bekannte Beziehung zwischen der Geschwindigkeit v und der Steighöhe y auf freier oder gezwungener Bahn unter dem Einfluß der Erdbeschleunigung g bei einer Anfangsgeschwindigkeit c.

3. [Beispiel. Am Ende A eines um O rotierenden Stabes $OA = r$ greife drehbar eine Stange $AB = l$ an, deren anderes Ende B auf einer Geraden AB durch O hin- und hergleiten kann, während OA sich um O dreht (Fig. 125).

Lassen wir dann in der Richtung $OB = x$ eine Kraft Q bei B wirken, so wird dieser an A durch eine tangentiale Gegenkraft W das Gleichgewicht gehalten, die wir nach dem Prinzip der virtuellen Verschiebungen bestimmen wollen. Bezeichnen wir den Drehwinkel

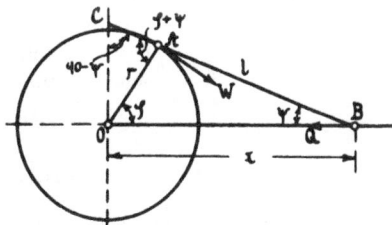

Fig. 125.

der sog. Kurbel r gegen die Gleitbahn OB mit φ, so entspricht einer Verkürzung von x um dx der Drehwinkel $d\varphi$, so zwar, daß nach Gl. (6a)

$$Q\,dx + Wr\,d\varphi = 0$$

oder

$$W = -\frac{Q}{r}\frac{dx}{d\varphi} \quad \ldots \ldots \ldots \quad (11)$$

ist. Anderseits aber haben wir in dem Dreieck OAB mit dem Winkel $OBA = \psi$

$$\left.\begin{array}{l} x = r \cos \varphi + l \cos \psi \\ r \sin \varphi = l \sin \psi \end{array}\right\} \quad \ldots \ldots \quad (12),$$

oder

$$\frac{dx}{r\,d\varphi} = -\sin \varphi - \frac{l}{r} \sin \psi\, \frac{d\psi}{d\varphi}$$

$$r \cos \varphi = l \cos \psi\, \frac{d\psi}{d\varphi},$$

so daß

$$\frac{dx}{r\,d\varphi} = -\sin \varphi - \frac{\sin \psi \cos \varphi}{\cos \psi} = -\frac{\sin(\varphi+\psi)}{\cos \psi}$$

und damit

$$W = Q\,\frac{\sin(\varphi+\psi)}{\cos \psi}. \quad \ldots \ldots \quad (11\,\mathrm{a})$$

wird. Verlängern wir nun die Gerade AB bis zum Schnittpunkt C mit der Vertikalen in O, so ist in dem Dreieck OAC der Winkel $OAC = \varphi + \psi$, $OCA = 90^{\circ} - \psi$, also

$$\frac{W}{Q} = \frac{\sin(\varphi+\psi)}{\sin(90^{\circ}-\psi)} = \frac{OC}{OA},$$

wonach die gesuchte Kraft W bequem konstruiert werden kann.

4. Beispiel. Über eine Rolle mit dem Radius a und dem polaren Trägheitsmoment $\Theta = m\,k^2$ wird ein Faden mit zwei Gewichten $G_1 = m_1\,g > G_2 = m_2\,g$ gelegt (Fig. 126). Alsdann beginnt sich die Rolle mit der Winkelgeschwindigkeit ω infolge der Abwärtsbewegung des größeren Gewichtes zu drehen. Wenn das Seil nicht gleiten soll, so ist die Geschwindigkeit beider Gewichte $v = a\omega$ und wir erhalten bei einer Senkung von G_1 um dh, der eine ebenso große Steigung von G_2 entspricht, nach (6c)

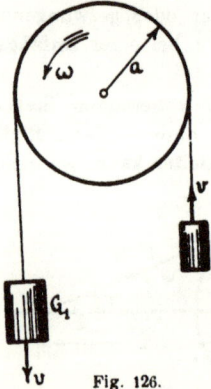

$$(G_1 - G_2)\,dh = (m_1 + m_2)\,v\,dv + m\,k^2\,\omega\,d\omega$$

oder

$$(m_1 - m_2)\,g\,dh = \left(m_1 + m_2 + m\,\frac{k^2}{a^2}\right) v\,dv \quad (13)$$

Fig. 126.

und integriert bei anfänglichem Ruhezustand

$$2gh = \frac{m_1 + m_2 + m\,\dfrac{k^2}{a^2}}{m_1 - m_2}\,v^2 \quad \ldots \ldots \quad (13\,\mathrm{a}).$$

Dividieren wir (13) mit dt und beachten, daß $dh = v\,dt$ ist, so folgt schließlich für die Beschleunigung des Gewichts

$$\frac{dv}{dt} = g\,\frac{m_1 - m_2}{m_1 + m_2 + m\,\dfrac{k^2}{a^2}}$$

eine Formel, die man an der sog. Atwoodschen Fallmaschine leicht experimentell prüfen kann.

5. Beispiel. Treffen zwei Körper mit den Massen m_1 und m_2 mit verschiedenen Geschwindigkeiten v_1 und v_2 zusammen, so findet eine plötzliche Geschwindigkeitsänderung beider statt, die wir als Stoß bezeichnen. Da während der Berührung die Körper entgegengesetzt gleiche Kräfte aufeinander ausüben, so besteht unter Vernachlässigung der Wirkung äußerer Kräfte während der sehr kurzen Stoßdauer zunächst die Gleichung

$$m_1 \frac{d v_1}{d t} + m_2 \frac{d v_2}{d t} = 0$$

oder nach Weglassung des gemeinsamen Nenners dt und Integration

$$m_1 v_1 + m_2 v_2 = m_1 v_1' + m_2 v_2' \quad . \quad . \quad . \quad . \quad (14),$$

worin v_1' und v_2' die Geschwindigkeiten nach dem Stoße sein mögen. Das Produkt mv bezeichnet man auch als die Bewegungsgröße, so daß also beim Stoße die Summe der Bewegungsgrößen keine Änderung erfährt.

Die Formel (14) reicht nun offenbar nicht aus, die beiden Unbekannten v_1' und v_2' zu bestimmen, vielmehr ist hierzu noch eine zweite Bedingung erforderlich. Eine solche ergibt sich aus der Forderung, daß während des Stoßvorgangs keine Energie verloren gehen soll, wofür wegen der Vernachlässigung äußerer Kräfte nur die kinetische Energie beider Massen zusammen in Frage kommt. Alsdann sprechen wir von einem elastischen Stoße und haben mit Weglassung des Nenners 2

$$m_1 v_1^2 + m_2 v_2^2 = m_1 v_1'^2 + m_2 v_2'^2 \quad . \quad . \quad . \quad . \quad (15).$$

Schreiben wir die beiden Gleichungen in der Form

$$m_1 (v_1 - v_1') = m_2 (v_2' - v_2)$$
$$m_1 (v_1^2 - v_1'^2) = m_2 (v_2'^2 - v_2'^2),$$

so folgt durch Division

$$v_1 + v_1' = v_2 + v_2' \quad . \quad . \quad . \quad . \quad . \quad . \quad (16)$$

und in Verbindung mit (14)

$$\left.\begin{array}{l} v_1' = \dfrac{(m_1 - m_2) v_1 + 2 m_2 v_2}{m_1 + m_2} \\[2mm] v_2' = \dfrac{(m_2 - m_1) v_2 + 2 m_1 v_1}{m_1 + m_2} \end{array}\right\} \quad . \quad . \quad . \quad . \quad (17).$$

Trifft z. B. ein Elfenbeinball auf einen andern von derselben Masse, so hat man mit $m_1 = m_2$,

$$v_1' = v_2, \quad v_2' = v_1$$

d. h. die Bälle tauschen ihre Geschwindigkeiten aus, wovon man beim Billardspiel häufig Gebrauch macht.

Trifft die eine Masse m_1 auf eine feste Wand, so dürfen wir diese als Bestandteil einer unendlich großen Masse betrachten, also $m_2 = \infty$ und $v_2 = 0$ setzen, womit aus (17)

$$v_1' = - v_1$$

d. h. ein einfaches Rückprallen mit derselben Geschwindigkeit folgt.

Trifft der Ball die feste Wand in schräger Richtung, so können wir die Geschwindigkeit vor den Stoß in eine Normal- und eine Parallelkomponente zur Wand zerlegen, von denen die letztere (wenn wir keine Reibung annehmen) durch den Stoß unbeeinflußt bleibt. Die erstere erfährt dagegen nach dem Vorstehenden lediglich eine Umkehrung, so daß also der Körper nach dem Stoße die Wand mit einer gleich großen Geschwindigkeit auf der anderen Seite der Berührungsnormalen also analog dem gespiegelten Lichtstrahl mit demselben Neigungswinkel verläßt.

6. Beispiel. Im Gegensatz zu dem elastischen steht der unelastische Stoß, nach dem die mit verschiedener Geschwindigkeit zusammentreffenden Körper mit einer gemeinsamen Geschwindigkeit v sich weiter bewegen, also wie zwei Lehmkugeln aneinander haften bleiben. Alsdann lautet die auch hierfür gültige Gl. (14)

$$m_1 v_1 + m_2 v_2 = (m_1 + m_2) v \quad \ldots \ldots (18),$$

woraus sich die gemeinsame Endgeschwindigkeit zu

$$v = \frac{m_1 v_1 + m_2 v_2}{m_1 + m_2} \quad \ldots \ldots (18a)$$

berechnet. Da weiterhin die kinetische Energie beider Körper vor dem Stoße $\frac{m_1}{2} v_1^2 + \frac{m_2}{2} v_2^2$ war, nach dem Stoß aber $\frac{m_1 + m_2}{2} v^2$ ist, so geht durch den Stoß die Energiedifferenz

$$L = \frac{m_1}{2} v_1^2 + \frac{m_2}{2} v_2^2 - \frac{m_1 + m_2}{2} v^2 \quad \ldots \ldots (19)$$

verloren. Setzen wir hierin den Wert für v aus (18a) ein, so wird dieser Energieverlust

$$L = \frac{m_1 m_2}{m_1 + m_2} \frac{(v_1 - v_2)^2}{2} \quad \ldots \ldots (19a),$$

also proportional dem Quadrate der Geschwindigkeitsdifferenz beider Körper vor dem Stoße. Der Versuch lehrt nun, daß dieser Energiebetrag teils zur Formänderung, andernteils aber zur Erwärmung beider Körper gedient hat, also in Wirklichkeit nicht verschwunden ist. Aus diesem Grunde betrachtet man auch die Wärme nur als eine andere Form der Energie, die u. a. auch da in Erscheinung tritt, wo die Bewegung scheinbar starrer Körper durch Reibung an anderen oder durch den Widerstand in Flüssigkeiten oder Gasen (z. B. der Luft) gehemmt wird. Die hierdurch geweckten sog. Widerstandskräfte unterscheiden sich von den bisher betrachteten treibenden Kräften dadurch, daß sie niemals eine Beschleunigung, sondern nur in der Bewegungsrichtung eine Verzögerung hervorrufen können.

www.ingramcontent.com/pod-product-compliance
Lightning Source LLC
Chambersburg PA
CBHW031443180326
41458CB00002B/624